青藏高原东南缘强震区深部结构与孕震环境研究

李大虎　丁志峰　吴萍萍　杨歧焱◎著

地震出版社
Seismological Press

图书在版编目（CIP）数据

青藏高原东南缘强震区深部结构与孕震环境研究 /
李大虎等著 . —北京：地震出版社，2021.12
　ISBN 978 - 7 - 5028 - 5348 - 8

　Ⅰ.①青… 　Ⅱ.①李… 　Ⅲ.①青藏高原-极震区-大
地深部构造-研究②青藏高原-极震区-孕震-研究
Ⅳ.①P315.2

　中国版本图书馆 CIP 数据核字（2021）第 211927 号

地震版 　XM4949/P(6148)

青藏高原东南缘强震区深部结构与孕震环境研究

李大虎 　丁志峰 　吴萍萍 　杨歧焱◎著
责任编辑：范静泊
责任校对：鄂真妮

出版发行：**地震出版社**

　　北京市海淀区民族大学南路 9 号　　　　　邮编：100081
　　　发 行 部：68423031　68467991　　　　传真：68467991
　　　总 编 办：68462709　68423029
　　　编辑四部：68467963
　　　http://seismologicalpress.com
　　　E-mail：zqbj68426052@163.com

经销：全国各地新华书店
印刷：河北文盛印刷有限公司

版（印）次：2021 年 12 月第一版　2021 年 12 月第 1 次印刷
开本：787×1092　1/16
字数：272 千字
印张：11.5
书号：ISBN 978 - 7 - 5028 - 5348 - 8
定价：98.00 元

　　青藏高原作为印度板块与欧亚板块碰撞的产物，经历了南北方向的缩短及向东、东南和东北方向的生长。伴随着青藏高原的隆升与增厚过程，来自印度板块的挤压作用也影响了青藏高原周围相邻地块的地质地貌及构造演化过程。已有研究表明，青藏高原深部物质向东迁移，青藏高原的隆升起因于非常复杂的构造变形和深部物质运动。青藏高原东南缘作为青藏高原的边界地带，经历了复杂的地质构造变形作用，区内地震活动频繁，断裂交错展布，强震活动的分布格局与断裂构造具有十分密切的关系，强震的主要活动场所位于活动断块的边界、活动断裂的交汇部位和新构造运动十分强烈的地区，这一特殊构造环境和频繁的强震活动特征说明该地区是研究现今构造运动、大陆强震孕育背景和预测未来青藏高原东南缘强震区最理想的场所。由于青藏高原东南缘各震区所处的地质构造环境复杂，孕震因素多样，仅仅依靠目前单一的浅表地震地质调查工作很难准确判定发震构造，更难以对该地区在如此有限的空间范围内强震活动如此频繁的原因做出合理解释。加之震区又长期缺乏可靠的深部地球物理场资料，这就给研究强震孕育、发生的深部介质环境和地震构造背景、地震活动性之间的关系带来了很大的困难。

　　由于不同的地球物理数据反演方法往往存在程度不同的非唯一性（多解性），所以，对同一区域，采用不同的数据源，对多种地球物理数据处理及反演，无疑是研究青藏高原深部结构背景最有效的途径之一。本书在获取青藏高原东南缘三维 P 波速度结构、视密度分布和航磁异常特征的基础上，深入研究青藏高原东南缘强震区的深部结构及孕震环境，对解析强震区地震成因和孕育其的动力学背景，以及研究驱动块体内部和边界断裂活动的深部动力学机制等问题均具有重要意义。

　　笔者从硕士研究生、博士研究生阶段开始，一直从事地球深部构造与孕震环境方面的研究工作，曾系统研究过了青藏高原东南缘强震区的深部结构及孕震环境的演变成因。在总结笔者多年来科研成果的基础上，汇集而成本书内容，全书由 6 章组成：第 1 章介绍了青藏高原东南缘的深部结构研究背景和意义、研究现状、研究目标和方法，以及主要的研究内容；第 2 章阐述了射线走时成像的发展现状、方法原理，并给出了远震近震成像的联合反演算例；第 3 章从有限频层析成像的理论和方法出发，分析几何扩散系数计算、灵敏核计算以及影响因素，并介绍了相关应用实例；第 4 章介绍了重磁异常数据处理的相关算法，并对获取的青藏高原东南缘壳内不同深度的三维视密度分布和航磁异常结果进行了解释；第 5 章全面阐述了笔者近年来使用上述方法在青藏高原东南缘强震区的深部结构研究中开展的研究工作，揭示了强震区地震孕育、发生的深部介质环境和地震构造背景、地震活动性之间的关系；第 6 章对本书所得到的主要认识和结论进行了概括和总结，并指出了其中存在的问题，提出了下一步工作的相关建议。

本书的主要特点是系统总结了当前研究强震区深部结构和孕震环境中所涉及的地震学层析成像和重磁异常数据处理等方法，并提供了详细的具体算例，有利于同行科研人士进一步了解青藏高原东南缘强震区深部结构的研究进展情况。

开展青藏高原东南缘强震区的三维 P 波速度结构、地壳介质密度分布及航磁异常特征研究，不但可为深部介质条件、物性特征和构造环境研究提供可靠的深部地球物理背景场信息，而且对理解驱动该区构造变形和地震活动的深部动力机制，认识青藏高原隆升的动力学过程等具有重要意义。

本项目受到国家自然科学基金面上项目（41974066）、国家重点研发计划专项（2020YFA0710600）、中国地震局地震科技星火计划攻关项目（XH20051）和四川省地震局地震科技创新团队专项（201804）共同资助，特此致谢。在本书的出版过程中，感谢地震出版社诸多支持，使本书得以如期出版。

鉴于笔者经验、理论水平有限，书中难免存在疏漏和不足之处，恳请读者批评指正。

李大虎

2021 年 10 月于成都

Contents 目录

第3章　有限频层析成像 ▶ ⋯⋯⋯⋯⋯⋯⋯⋯⋯⋯⋯⋯⋯ **31**

第4章　重磁异常数据处理 ▶ ⋯⋯⋯⋯⋯⋯⋯⋯⋯⋯ **65**

第5章　青藏高原东南缘强震区的应用研究 ▶ ⋯⋯⋯⋯ **87**

第 **1** 章

引　言

1.1.1 研究背景

青藏高原作为印度板块与欧亚板块碰撞的产物，经历了南北方向的缩短以及向东、东南和东北方向的生长（Molnar P. and Tapponnier P.，1975；Yin A. and Harrison，2000；Tapponnier et al.，2001）。伴随着青藏高原的隆升以及增厚过程，来自印度板块的挤压作用也影响了青藏高原周围相邻地块的地质地貌和构造演化。已有研究表明青藏高原深部物质向东迁移，比较有代表性的迁移逃逸模式有刚性挤出模式（Tapponnier and Molnar，1976；Tapponnier et al.，1982；Avouac and Tapponnier. 1993）、连续变形模式（England and Houseman，1986；England and Molnar，1997；Holt et al.，2000）以及下地壳流模式（Royden et al.，1997；Clark and Royden，2000），这些研究认识尽管存在一些差异，但都一致地认为青藏高原的隆升起因于非常复杂的构造变形和深部物质运动。

青藏高原东南缘作为青藏高原的边界地带，经历了复杂的地质构造变形作用，区内地震活动频繁，断裂交错展布，主要的构造单元包括中部的川滇菱形块体，以及西北的拉萨和羌塘块体，北部的松潘—甘孜块体，东部的扬子克拉通和南部的印支块体，金沙江断裂、红河断裂、鲜水河断裂—安宁河断裂—则木河断裂—小江断裂与龙门山断裂等将这些块体分隔，川滇菱形块体又进一步被小金河—丽江断裂分为南部的滇中次级块体与北部的川西北次级块体（图1.1）。从强震活动角度来看，青藏高原东南缘位于我国南北地震构造带的中南段，强烈地震活动频繁，是中国大陆内部地震活动最强的地区之一。自20世纪70年代以来，该区相继发生了一系列$M > 7.0$强震，青藏高原东南缘强震活动的分布格局与断裂构造具有十分密切的关系，强震的主要活动场所位于活动断块的边界、活动断裂的交汇部位和新构造运动十分强烈的地区，这一特殊构造环境和频繁的强震活动特征说明该地区是研究现今构造运动、大陆强震孕育背景和预测未来青藏高原东南缘强震区最理想的场所（王椿镛等，1999；王椿镛等，2002）。

作为预示南北地震带新一轮强震活动开始的标志性地震，2008年汶川$M_S8.0$大地震的发生，对四川龙门山断裂带及其邻区的应力环境均产生了巨大和深远的影响（Toda et al.，2008），而作为地下应力水平的宏观表现，青藏高原东南缘的地震活动特征在汶川地震后也出现显著变化。继2008年汶川$M_S8.0$地震后，青藏高原东南缘5.5级以上强震频发，相继发生了2008年8月30日攀枝花仁和—会理6.1级地震、2012年盐源—宁蒗5.7级地震、2013年4月20日芦山7.0级、2014年8月3日鲁甸6.5级地震、2014年11月22日康定6.3级、2017年8月8日九寨沟7.0级地震、2019年6月17日长宁6.0级地震、2021年5月21日漾濞6.4级地震等。然而，由于各震区所处的地质

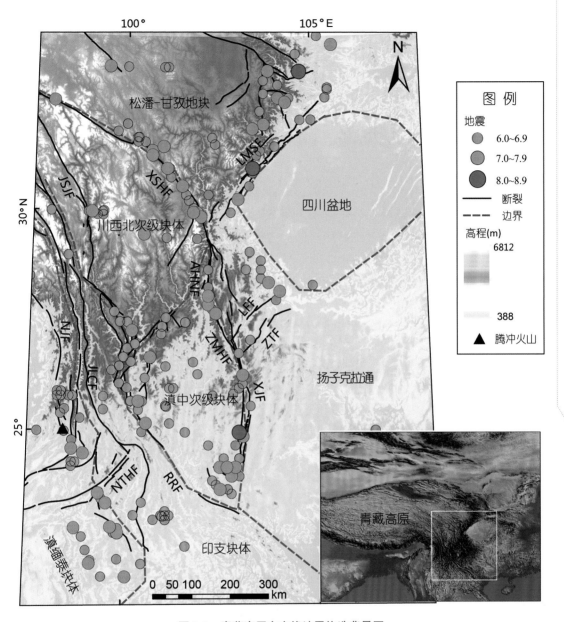

图 1.1 青藏高原东南缘地震构造背景图

LMSF：龙门山断裂；XSHF：鲜水河断裂；ANHF：安宁河断裂；NJF：怒江断裂；LCJF：澜沧江断裂；JSJF：金沙
江断裂；RRF：红河断裂；NTHF：南汀河断裂；LJ－XJHF：丽江—小金河断裂；XJF：小江断裂；LFF：莲峰断
裂；ZTF：昭通断裂

构造环境复杂，孕震因素多样，仅仅依靠目前单一的浅表地震地质调查工作很难准确判
定发震构造、更难以对该地区在如此有限的空间范围内强震活动如此频繁的原因作出合
理解释。加之震区又长期缺乏可靠的深部地球物理场资料，这就给研究强震孕育、发生
的深部介质环境和地震构造背景、地震活动性之间的关系等带来了很大的困难。

由于不同的地球物理反演方法往往存在程度不同的非唯一性（多解性），所以，采
用不同的数据源和多种地球物理数据处理及反演方法研究青藏高原东南缘深部结构特

征，对于理解驱动该区构造变形和地震活动的深部动力机制以及认识青藏高原隆升的动力学过程等具有重要的意义。鉴于此，本书将以青藏高原东南缘的深部结构背景为基础，为青藏高原东南缘中下地壳是否具备发生塑性流动的环境、深部物质的运移及边界等科学问题提供不同的地球物理场响应依据。在此基础上，深入研究青藏高原东南缘强震区的深部结构及孕震环境，研究成果对解译震区地震成因和孕育的动力学背景有着重要的意义。

1.1.2　研究意义

强震的孕育和发生过程，是在地球深部发生的动力过程或构造运动，汶川地震和唐山地震的经验表明，仅靠地表调查和测量来认识地震的发震过程是不够的，强烈地震的发生与地壳和上地幔深部结构、物性状态及动力学环境有着密切的关系（丁志峰，2011）。例如，汶川 $M_S8.0$ 地震前龙门山断裂带近地表活动性不强，且 GPS 的水平运动微小，地表并没有发生明显的水平向形变，按常规理应不会发生，为什么会在这个人们认为不该发生强烈地震的地方发生了 8.0 级的地震（藤吉文等，2008）？由此可见，研究地震活动及其孕育机理不应该仅仅依靠地表的断层分布等地质学证据，还需要结合地球深部孕震环境及其物性结构特征进行综合分析。因此，深入研究青藏高原东南缘强震区深部物性结构及孕震环境，不但是为地震孕震机理的深入研究、判定发震构造、评价断裂带未来可能的最大发震能力等方面提供可靠的深部地球物理场依据，更是国家、社会及当地政府对防震减灾和地震科技工作的切实需求。

此外，青藏高原东南缘强震区的三维速度结构模型、介质物性分布模型对建立该区重要构造部位的深部动力学模型也具有十分重要的科学意义。构建区域的地球动力学数值模型，尤其是在确定模型几何形状最主要参数之一的莫霍面深度时，通常国际上普遍采用 Crust 5.1（W. D. Mooney et al.，1998）、Crust2.0 和 Crust1.0（Gabi Laske，Zhitu Ma，Guy Masters and Michael Pasyanos 等发布的 CRUST 1.0：A New Global Crustal Model at 1×1 Degrees，http：//igppweb. ucsd. edu/- gabi/crust1. html）的数据内容、资料来源、计算方法进行了解和分析，Stolk 等（2013）在上述模型的基础上，搜集整理大量人工地震测深、上地幔 Pn 波速度研究结果，发表了亚洲地壳速度结构模型。然而，上述全球或亚洲尺度的地壳模型与我国学者在青藏高原东南缘所发表的人工地震测深结果仍存在较大差异（尽管这些大尺度模型也采用了部分我国的人工地震探测剖面资料）。因此，研究青藏高原东南缘强震区的三维 P 波速度结构、地壳介质密度及航磁异常分布特征等结果，不但可为深部介质条件、物性分布特征和构造环境的研究提供可靠的深部地球物理背景场信息，而且为构建研究青藏高原东南缘重点构造部位的动力学模型提供十分重要的科学依据。

1.2　研究现状

1.2.1　大地电磁测深

近年来，青藏高原东南缘先后开展了大量的大地电磁测深工作，对该区的深部电性结构特征和孕震环境取得了一系列有意义的认识。如李立等（1987）、张洪荣（1990）分别对攀西裂谷带、龙门山断裂带和川西北龙门山—邛崃山壳幔结构的 MT 测深研究，均表明了壳内低阻层的存在；王绪本等（2009）通过对跨龙门山造山带的中江—松潘大地电磁测深资料分析，并结合地质资料综合解释，表明龙门山断裂带地壳 15～20 km 深部存在连续西倾的壳内高导层，并讨论了造山带和地区地壳结构、造山作用的深、浅地质结构的关系。孙洁等（2003）通过在青藏高原东南缘开展的三条大地电磁测深剖面（资中—巴塘、稻城—观音桥、新都桥—安定乡），给出了青藏高原东南缘地壳上地幔电性结构，不但显示了鲜水河以西地区上地壳含有高导体，而且发现川滇菱形北部块体十几公里处存在大规模的低阻层；晋光文等（2003）对布设在川西—藏东测线的 MT 三条剖面资料进行处理分析，在去除局部畸变后重新进行了解译，认为青藏高原东部的川滇块体下方存在大面积的低阻异常；赵国泽等（2008）通过对石棉—乐山剖面的大地电磁资料的研究，发现青藏高原东边缘带地壳总体电阻率小，西部地壳可分为上中下 3 层，其中，中地壳的电阻率最小达 3～10 Ωm，厚约 10～15 km，该低阻层易于变形和流动，是青藏高原东边缘带向 SE 方向挤出作用下形成的"管流"层；万战生等（2010）在四川省的冕宁—宜宾之间布设的 MT 剖面研究结果表明了青藏高原东边缘地带壳内大面积低阻层的存在；Bai 等（2010）使用 MT 方法在青藏高原内部及其东南缘布设了若干条侧面剖面，认为在青藏高原及青藏高原东南缘存在两条巨大的中下地壳低阻异常带，以此提出了地壳流模型（Crustal flow），并刻画了壳内弱物质层的空间分布形态、位置及规模大小。孟连—罗平的北东向大地电磁测深剖面结果表明，沿剖面的地壳上地幔电性结构反映出与区域地质构造资料基本一致的构造特征，测区强震带深部都存在壳内低阻体，地震发生在电阻率梯度带上，断裂带两侧块体介质的电阻率差异是强震活动带重要的深部背景（李冉等，2014）。Li 等（2020）利用大地电磁测深技术反演得到了青藏高原东南缘的电阻率结构，结果表明在峨眉山大火成岩省的中心地壳高阻异常强烈，并且一直延伸到上地幔，可能反映了该地区二叠纪火山喷发阶段地壳物质被改造形成现今的高阻物质，阻挡了青藏高原东南缘下地壳物质的流动。

1.2.2　深地震测深

为了研究青藏高原东南缘的深部构造背景、大陆岩石圈结构及其动力学特征，中国科学院地球物理研究所、中国地震局地球物理勘探中心、地质矿产部等部门单位在青藏高原东南缘实施了一批人工地震（深地震反射、折射）测深剖面（如图 1.2），并获得了覆盖区范围内的地壳分层结构图像（Yan et al.，1985；Kan et al.，1986；陈学波等，1986；胡鸿翔等，1986、1993、1998；崔作舟等，1987；熊绍柏等，1986、1993；尹周勋等，1987、1992；林中洋等，1993；王椿镛，2003；张中杰等，2005；王夫运等，2008）。如位于四川省境内横跨龙门山断裂带的三角地震测深剖面（陈学波等，1986）和花石峡—简阳地震剖面（崔作舟等，1996）。王椿镛等（2003、2005）通过对川西藏东地区的资中—竹巴龙、唐克—奔子栏等深地震测深剖面的处理和分析，研究结果表明川西高原和四川盆地的地壳上地幔结构存在显著的差异（Wang et al.，2007）。横跨攀西构造带的丽江—新市镇、丽江—者海地震测深剖面和拉柞—长河坝剖面，揭示攀枝花—西昌地区的地壳厚度 50～60 km，东浅西深，P 波平均速度 6.2 km/s 左右，壳内低速层发育，上地幔顶部 P 波速度 7.7 km/s，以此得出在中地壳和上地幔存在低速带的结论，同时发现金河—箐河断裂、安宁河断裂、四开断裂、大凉山断裂均为从地表切穿地壳的深断裂，且为逆冲断层（熊绍柏等，1986、1993）。胡鸿翔、林中洋等（1986、1993、1998）通过对中甸—思茅剖面研究发现滇西地区自南向北速度结构有明显的横向不均匀性，莫霍界面深度从剖面南端的 38 km 加深到北端的 58 km，地壳的平均速度南低北高。尹周勋等（1987、1992）通过对西昌—渡口—牟定地带地震资料的二维地壳结构和速度分布研究表明，该地带地壳平均速度为 6.25 km/s，地壳厚度为 55 km，但在永仁—渡口—带的地壳厚度为 52 km，地幔有上隆的趋势。王夫运等（2008）在川滇活动地块东南边界区域完成了盐源—西昌—昭觉—马湖深地震高分辨率地震折射剖面，获得了川西地区活动块体边界带上地壳的 P 波速度精细结构和活动断裂的深部形态特征，并分析了上地壳变形特征及断裂与地震活动的关系。徐涛等（2014）利用地震测深剖面的初至波震相走时数据，通过有限差分反演揭示该地区上地壳速度结构，剖面结晶基底厚度平均为 2 km 左右；小江断裂带内部速度较低，其东西两侧的速度较高；推测小江断裂带区域地壳强度比较低，加上断裂两侧的应变速率很高，因此小江断裂带和鲁甸—昭通断裂带存在未来发生较大地震的可能性。

1.2.3　地震层析成像

地震层析成像是研究地球内部速度结构最有效的手段之一，早期一些专家、学者在青藏高原东南缘开展的地震层析成像工作取得一系列的研究成果（刘建华等，1989；陈培善等，1990）。孙若昧等（1991）和赵永贵等（1992）采用地震层析成像分别研究了四川和滇西造山带的壳幔速度结构，刘瑞丰等（1993）、王椿镛等（1994）也利用过地震波到时数据资料研究了该区速度结构的分布特征。

随着地震观测资料的不断积累，丁志峰等（1999b）利用在青藏高原东部及其邻近地区地震到时资料，反演该地区的地壳上地幔三维速度结构，研究结果表明青藏高原南部的上地壳中（30 km 左右的深度）存在一低速异常区。秦嘉政等（2000）利用地震体波层析成像的方法研究了腾冲火山区的壳幔结构特征。刘福田等（2000）通过地震层析成像方法揭示出板块状的高速异常分布在滇西特提斯造山带 250 km 深度处。黄金莉等（2001，2003）分别利用 Pn 波到时资料和 P 波走时数据反演得到青藏高原东南缘上地幔顶部 Pn 波和壳幔三维 P 波速度结构。雷建设等（2002a）反演研究了中国西南及邻区（10°～36°N、7°～11°E）400 km 深度范围内的上地幔三维速度结构。王椿镛等（2002，2003）对青藏高原东南缘开展了大量卓有成效的研究工作，如使用四川省和云南省的数字台网 174 个固定台站记录到的 4625 个区域地震 P 波和 S 波走时资料，反演得到了青藏高原东南缘地壳上地幔三维速度结构。楼海等（2002）用地震层析成像的方法反演了腾冲火山区的上地壳三维 P 波速度结构。何正勤等（2004）通过短周期面波资料的研究结果，表明了云南地区的相速度分布具有强烈的横向不均匀性。吴建平等（2006）P 波速度结果表明川滇菱形块体内部存在的下地壳低速层，有利于块体向南滑动。徐果明等（2007）的结果表明在青藏高原东南部边缘的下地壳速度也较低（3.6～3.7 km/s），研究区的上地幔顶部存在低速异常。王椿镛等（2008）用远震 P 波接收函数反演方法获得了在青藏高原东部沿 30°N 布设由 26 个台站组成的远震观测剖面下方 0～80 km 深度范围的 S 波速度结构，发现地震台站下方的下地壳存在明显的 S 波低速异常，并认为这是青藏高原东部存在下地壳流的深部环境。韦伟、孙若昧等（2010）通过利用云南、四川地震台网 P 波到时资料，反演得到青藏高原东南缘地壳和上地幔的三维 P 波速度结构，发现川滇菱形块体在中、下地壳深度处低速异常显著，并认为该低速带很可能就是青藏高原下地壳流的通道。

近十多年来，青藏高原东南缘流动地震台站的布设、观测资料的积累和地球物理数据处理及反演方法的改进，使得地壳和上地幔速度结构研究取得了很大的进步。如：2006 年中国地震局地质研究所地震动力学国家重点实验室在川西地区（26°～32°N，100°～105°E）布设了由 297 台宽频带数字地震仪组成的流动观测台阵（简称"川西台阵"），刘启元等（2008、2009）利用川西台阵观测沿 31°N 测线 19 个地震台站记录的远震波形数据，采用接收函数反演得到台站下方 120 km 深度范围内地壳上地幔 S 波速度结构及台站下方地壳的平均泊松比，发现川滇块体的地壳结构相对简单（厚度为 58 km、平均泊松比约为 0.25），壳内 26 km 深度存在约 10 km 厚度的高速层。郭飚等（2009）研究结果表明龙门山地区地壳上地幔 P 波速度结构具有较为明显的分区特征，川滇块体和松潘—甘孜块体的速度较低，且在上地幔 150 km 范围内川滇块体和松潘—甘孜块体均显示低速异常，认为在青藏高原向东挤压和地幔上涌的双重作用下造成松潘甘孜地块隆升，龙门山断裂带北段的上地幔深度，青藏高原物质可能侵入四川盆地下方，并使其岩石圈前缘向西逐渐减薄，研究结果并不支持四川盆地的俯冲及层间流动的动力学模型。李昱等（2010）利用密集台阵观测的环境噪声数据对研究区进行高分辨率地壳速度结构研究，通过长周期（25～35s）相速度分布结果表明，松潘—甘孜地块，特别是川滇地块中下地壳表现为广泛的明显低速异常分布，意味着它们的中下地壳相对较为软弱，并认为川滇块体中下地壳存在大面积分布的 S 波低速区是对该地区存在中下地壳的通道流推断的有力支持。Huang 等（2018）基于中国地震科学探测台阵项目 I 期——南北地震带南段，发现青藏高原东南缘下地壳低速体在高原的边缘聚集。邓山泉等（2021）利用双差地震层析成像方法反演了青藏高原东南缘川滇地区三维 P 波速度结构，结果表明川滇地区中下地壳低速异常体明显，但它不是广泛分布在川滇地区，而是沿着川滇块体东部的通道分布。

需要说明的是，由于地震台站覆盖区域及空间分辨率的限制，前期发表的研究结果对揭示青藏高原东南缘壳幔结构、强震孕育的深部构造背景以及造山带的演化和动力学研究起到了积极的推动作用，但对青藏高原东南缘强震区及其重点构造部位的深部结构和孕震环境仍未进行过深入细致的分析和讨论。至今，尚未同时采用多种物性参数，对青藏高原东南缘强震区深部结构和孕震环境进行过重点剖析和研究。

1.2.4　接收函数和面波反演

到目前为止，关于青藏高原东南缘下地壳存在流变的证据依然不是非常充分，已有的远震接收函数和面波噪声联合反演结果支持青藏高原东南缘的下地壳存在 S 波低速层（Yao et al.，2006；徐鸣洁等，2007；Wang et al.，2008），如徐鸣洁等（2007）对哀牢山—红河断裂带附近宽频带数字地震台阵的远震体波记录，采用接收函数方法研究台站下方壳幔 S 波速度结构，研究结果表明下地壳表现为 S 波低速异常分布，并据此认为哀牢山—红河断裂带 NE 侧的下地壳为韧性层，易于发生变形和流动，是地壳与岩石圈解耦的有利部位。然而，使用不同的地球物理方法（重力反演、人工地震测深，层析成像，接收函数）得出的青藏高原东南缘的地壳厚度还存在一定的差异，依靠接收函数得出的地壳平均泊松比也存在较大的分歧。胡家富等（2003）利用远震三分量宽频数字记录提取体波，并采用接收函数反演得到云南地区的地壳 S 波速度结构和地壳泊松比的分布特征，研究结果表明低速层分布的深度和地区存在差异，且地壳泊松比整体偏高。Zurek 等（2005）的研究则表明青藏高原东南缘地区缺少高的泊松比分布，认为在地壳内不存在广泛分布的部分熔融，这就和 Hu（2003）及 Xu（2008）的研究结果相悖。李永华等（2009）采用接收函数扫描法和线性反演方法对云南及其邻区的壳幔结构进行研究，获得了研究区内地壳厚度和泊松比分布特征，研究区地壳的平均泊松比介于 0.20～0.31，这与胡家富等利用云南地区数字台网计算的泊松比结果相比普遍要小。张洪双等（2009）利用径向和切向接收函数方法对青藏高原东南缘地壳厚度和速度比结构进行研究，得到的青藏高原东南缘的地壳结构与 Xu 等（2007）的研究结果在部分区域存在差别。徐强等（2009）使用位于青藏高原东南缘的 25 个地震台站的远震数字波形数据，采用 P 波、S 波接收函数的方法反演得到了地震台站下方的 Moho 面深度、泊松比和地幔过渡带的厚度，研究结果表明青藏高原东南缘的地壳缺乏高的泊松比（≥0.30）分布，推测该区不存在广泛部分熔融的条件，但并不排除局部部分熔融的存在。Bao 等（2015）和郑晨等（2016）先后利用中国地震科学探测台阵项目在青藏高原东南缘地区布设的大量密集流动台站，采用接收函数和面波联合反演方法获得了高分辨率的地壳 S 波速度结构，发现青藏高原东南缘中下地壳内由北向南呈条带状分布，有两条主要的壳内低速体，其中一条从川西北向南延伸，穿过丽江断裂到达滇中，另一条低速体沿小江断裂分布，向南延伸到 24°N 左右。Zhang 等（2017）利用 P 波接收函数对青藏东南缘进行 CCP 叠加成像，认为板片俯冲与岩石圈拆沉可能都对该处转换带结构异常做出了贡献。白一鸣等（2018）应用接收函数共转换点（CCP）叠加技术获得了研究区域下方精细的地幔转换带间断面起伏形态及转换带厚度变化图像，结果表明研究区南北方向上具有两个明显的转换带增厚异常区，南侧异常区位于滇中次级块体与印支块体下方，可能是新特提斯洋板片与上部印度板块间断离并部分滞留在转换带底部的结果，北侧川西地区异常增厚可能与上方岩石圈拆沉并降至转换带有关。

1.2.5 壳幔各向异性

丁志峰等（1996）、Sandvol 等（1997）先后对青藏高原上地幔、岩石圈的各向异性做过较好的研究，也有研究者采用 CDSN 资料对于云南地区做过同类研究（郑斯华等，1994；刘希强等，2001）。根据已有的剪切波分裂研究结果（阮爱国等，2002；Flesch et al.，2005；Lev et al.，2006）认为在云南地区上地壳运动与上地幔运动是解耦的。如阮爱国等（2002）采用 SKS 波分裂的方法，得到了云南地区上地幔各向异性快波方向为 NE—SW，上地幔各向异性快波方向大致与印度板块的挤入方向一致；而 Lev et al.（2006）利用剪切波分裂的方法对青藏高原东南缘各向异性进行了研究，其结果表明在云南地区各向异性的快波方向为近东西向，与地表 GPS 观测存在较大的差异，因此也认为在云南地区上地壳运动与上地幔运动是解耦的。常利军等（2006、2008）分别对四川及邻区和云南地区的 SKS 波分裂研究，根据得到的四川及邻区的上地幔各向异性图像分析，表明各向异性的快波偏振方向与 GPS 测量的地壳运动速度场方向变化相一致，各向异性快波方向在四川地区东北部为 NWW—SEE 向，到中部的 NW—SE 方向，再到西部的近 NS 方向，有顺时针旋转的趋势，主体以 NW—SE 方向为主；对云南地区 SKS 波分裂得到的结果来看，云南北部的各向异性的快波偏振方向呈 SN 向，逐渐过渡到云南南部的近 EW 向。Shi 等（2012）对云南地震台网资料的分析，使用剪切波分裂方法获得了云南地区的快剪切波偏振结果，发现云南地区大部分台站的快剪切波偏振优势方向主要为近 N—S 或 NNW 方向，位于活动断裂上的台站的快剪切波偏振优势方向与活动断裂的走向一致。高原等（2020）基于近场小震、远震和背景噪声资料计算结果，表明青藏东南缘上地壳各向异性与地表变形测量结果相符，快剪切波偏振方向（即快波方向）呈现与地表运动特征一致的发散性，与主压应力方向一致，青藏东南缘下地壳方位各向异性展现了更好的方向一致性，但方位各向异性程度相对较弱，在红河断裂带西北端部和小江断裂带下方有两个下地壳低速区，其方位各向异性程度与上地壳相当；青藏东南缘岩石圈方位各向异性，呈现南、北分区特征，南北分界线大致在 26°20′N，快波方向在北部近似为 NS 方向，在南部近似为 EW 方向。

1.3 研究目标和方法

1.3.1 研究目标

本书旨在获取青藏高原东南缘三维 P 波速度结构、三维视密度分布和航磁异常特征，在此基础之上，重点剖析和研究 2013 年 4 月 20 日芦山 7.0 级、2014 年 8 月 3 日鲁甸 6.5 级地震、2014 年 11 月 22 日康定 6.3 级、2017 年 8 月 8 日九寨沟 7.0 级地震、2019 年 6 月 17 日长宁 6.0 级地震、2021 年 5 月 21 日漾濞 6.4 级地震震区和木里—盐源强震区的深部结构和孕震环境。

1.3.2　研究方法

围绕存在的科学问题，基于不同类型的地球物理观测数据，本书采用的研究方法如下：

首先，分别采用体波走时层析成像方法和有限频走时层析成像理论，反演获得青藏高原东南缘壳幔三维 P 波速度结构。

其次，采用视密度反演方法获取青藏高原东南缘壳内不同深度范围内（5～50 km）三维视密度分布特征。

最后，采用频率域化极、向上延拓和滤波等方法对航磁数据进行位场分离和异常特征提取，得到不同强震区壳内介质的航磁异常展布特征。

多种地球物理观测资料的联合应用和相互印证，将为全面理解和认识青藏高原东南缘现今复杂的地质构造环境、地震活动特征及深部动力学过程提供重要的约束，为深入研究青藏高原东南缘强震区的深部孕震环境提供可靠的介质物性分布依据。

1.4　研究内容

三维速度结构分布特征可以提供与震源位置及介质性质等有关的重要信息，进而将其与地震活动的空间分布位置相结合，为认识地震孕育和发生的深部介质环境和孕震机理提供重要的地震学依据。由于不同深度的重磁异常信息也可以反映出与地震孕育和发生过程密切相关的地壳结构背景和活动断裂的深部特征以及块体的介质物性（密度、磁化强度）差异。因此，开展多方法、多层次的位场数据处理和异常特征提取，实现分解出的重磁异常特征能够反映出强震区深部结构与孕震环境就显得尤为重要。

因此，本书的研究内容主要包括：青藏高原东南缘三维 P 波速度结构，重力三维视密度反演，航磁数据位场分离及异常特征提取，重点剖析和研究青藏高原东南缘芦山 7.0 级地震震区、鲁甸 6.5 级地震震区、康定 6.3 级震区、九寨沟 7.0 级地震震区、长宁 6.0 级地震震区、漾濞 6.4 级地震震区和木里—盐源等强震区的深部构造和孕震环境等 4 个方面的工作。

（1）充分收集了四川、云南等区域数字地震台网中 224 个固定地震台站的观测数据以及"中国地震科学台阵探测——南北地震带南段"（"喜马拉雅"项目一期）356 个流动地震台阵、四川芦山 $M_S7.0$ 地震科学考察 35 个台阵、四川西昌 19 个流动台阵的观测数据，共计 634 个台所记录到的 18530 个近震事件和 754 个远震事件，采用区域震和远震联合反演的方法获取青藏高原东南缘三维 P 波速度结构，在此基础上重点剖析研究强震区的三维速度结构特征、区内重要断裂构造带的深部结构与地震活动之间存在的关系。

（2）通过对青藏高原东南缘重力异常数据进行三维视密度反演，根据反演结果对不同深度的视密度分布特征进行分析研究，为区域深部动力学背景、地震孕育和发生机理以及构造演化等问题提供密度横向展布特征依据。

（3）收集了强震区范围内最新的航空磁测数据，采用航磁 ΔT 频率域化极、延拓和滤波等方法进行位场分离和异常特征提取，进而根据航磁异常形态、幅值大小、梯度变化和走向来综合分析强震区壳内介质的航磁异常展布特征。

（4）在获取了三维 P 波速度结构、三维视密度反演和航磁异常特征等研究成果的基础上，重点和剖析研究青藏高原东南缘芦山 7.0 级地震震区、鲁甸 6.5 级地震震区、康定 6.3 级地震震区、九寨沟 7.0 级地震震区、长宁 6.0 级地震震区、漾濞 6.4 级地震震区和木里—盐源震区等强震区的地震孕育、发生的深部介质环境、地震构造背景与地震活动性之间的关系。

本书分为六章，各章主要内容如下。

第 1 章：引言。阐述本书选题的依据及意义，回顾和总结了青藏高原东南缘基于地球物理学观测的研究现状，介绍了本书拟研究和探讨的科学问题、研究目标、方法和研究内容。

第 2 章：射线走时层析成像。介绍基于射线理论的 P 波走时层析成像的发展和研究现状、方法原理及步骤，论述了青藏高原东南缘 P 波到时数据的收集、处理和速度结构反演，对所获取的三维 P 波速度结构进行解译，并结合目前存在的科学问题进行分析和讨论。

第 3 章：有限频层析成像。阐述了有限频理论的方法原理、几何扩散系数和灵敏度算核计算，以及对远震成像中存在的几个影响因素（如拾取窗口的选取、不同期数据反演结果和方位角均衡等）分别进行对比分析，并对获取的青藏高原东南缘不同深度范围三维速度结构结果进行解译。

第 4 章：重磁异常数据处理。阐述了视密度反演方法、航磁 ΔT 化极处理、向上延拓和滤波等处理方法的原理，并对获取的青藏高原东南缘壳内不同深度的三维视密度分布特征和航磁异常结果进行解译。

第 5 章：青藏高原东南缘强震区的应用研究。本章在前面所获取的区域三维 P 波速度结构、视密度反演和航磁异常分布特征的基础上，重点剖析研究了 2013 年 4 月 20 日芦山 7.0 级、2014 年 8 月 3 日鲁甸 6.5 级地震、2014 年 11 月 22 日康定 6.3 级、2017 年 8 月 8 日九寨沟 7.0 级地震、2019 年 6 月 17 日长宁 6.0 级地震、2021 年 5 月 21 日漾濞 6.4 级地震和木里—盐源等强震区地震孕育、发生的深部介质环境和地震构造背景、地震活动性之间的关系，为判定发震构造、评价断裂带未来可能的最大发震能力等方面提供可靠的深部地球物理场依据。

第 6 章：未来展望。对本书所得到的主要认识和结论进行了概括和总结，并指出了其中存在的问题和下一步工作的建议。

第 2 章

射线走时层析成像

2.1 层析成像的发展及现状

地震层析成像是研究地球内部速度结构最有效的手段之一，随着地震层析成像技术的快速发展，模型设置和射线追踪等方面均取得了较大的进步（Aki and Lee，1976；Aki et al.，1977；Thurber，1983；Um et al.，1987；Zhao et al.，1992a，1994）。使用近震/区域震层析成像和远震层析成像（Roecker et al.，1993；Zhao et al.，1994，1996b；Sato et al.，1996），可充分发挥近震/区域震层析方法在浅部构造上的分辨优势和远震在深部构造上的分辨优势。还有研究者还把大量的反射震相、转换震相（如 Pn、PmP、sP、pP、PKIKP 等）同时加入到层析成像的反演计算（Zhao，2001，2004），不同震相间到时差的联合应用，不但可以有效地减少观测台附近的介质结构的影响和震源定位的误差，而且多波多震相数据的使用携带了更多更精细的地球内部信息。近年来，国内外的地震学家们采用高分辨率的地震层析成像技术在研究地球深部构造、强震孕育环境、地震活动性特征、板块动力学以及地幔对流等方面均都取得了很多重要的成果（Dziewonski et al.，1977；Anderson and Dziewonski，1984；Tanimoto and Anderson，1984；Dziewonski and Anderson，1984；Woodhouse and Dziewonski，1984；刘福田等，1986；Inoue，et al.，1990；朱露培等，1990；陈培善等，1990；孙若昧等，1991；Zhao et al.，1992，1994，1995，2002；Kennett，et al.，1995；丁志峰等，1994，1999a，1999b，2001；黄金莉等，1999；雷建设等，2002b，2009；王椿墉等，2002；Huang and Zhao，2002；齐诚等，2006）。

本章主要介绍基于射线理论地震层析成像的基本方法和原理、步骤以及数据处理等内容。

2.2 方法原理

Zhao 等人提出的地震层析成像方法和程序（Zhao et al.，1992，1994），主要包括四个步骤，即：模型参数化、正演计算、反演和解的评价。

2.2.1 模型参数化

Aki and Lee（1976）采用均匀块体划分，块体内的速度值为常数，以此来近似地表述区域地球模型，具体见图 2.1（a）。目前，地震层析成像中应用较为广泛的模型参数化方法是节点模型，如图 2.1（b）所示，此方法由 Thurber（1983）首次提出，它是通过线性插值来表示模型内任意点的速度，公式如式（2.1）。

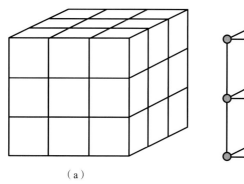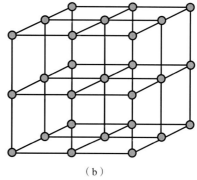

（a）   （b）

图 2.1　两种表述模型参数化的方式

（a）常速度块模型；（b）节点模型

$$v(x,y,z) = \sum_{i=1}^{2}\sum_{j=1}^{2}\sum_{k=1}^{2} v(x_i,y_j,z_k)\left(1 - \left|\frac{x-x_i}{x_2-x_1}\right|\right)\left(1-\left|\frac{y-y_j}{y_2-y_1}\right|\right)\left(1-\left|\frac{z-z_k}{z_2-z_1}\right|\right)$$

$$(2.1)$$

式中，$v(x_i, y_j, z_k)$ 为点（x，y，z）周围八个节点的速度值，在各个方向上，速度呈现连续变化的特征，未知参数为格点上的速度扰动值，在球坐标系下，任意点的速度插值表达式如下（Zhao et al.，1994）：

$$v(\varphi,\lambda,h) = \sum_{i=1}^{2}\sum_{j=1}^{2}\sum_{k=1}^{2} V(\varphi_i,\lambda_j,h_k)\left(1-\left|\frac{\varphi-\varphi_i}{\varphi_2-\varphi_1}\right|\right)$$
$$\left(1-\left|\frac{\lambda-\lambda_j}{\lambda_2-\lambda_1}\right|\right)\left(1-\left|\frac{h-h_k}{h_2-h_1}\right|\right)$$

$$(2.2)$$

八点插值如图 2.2 所示，式中的 φ、λ 和 h 分别为纬度、经度和深度，$V(\varphi_i, \lambda_j, h_k)$ 为点 $v(\varphi, \lambda, h)$ 周围空间 8 个节点的位置坐标。

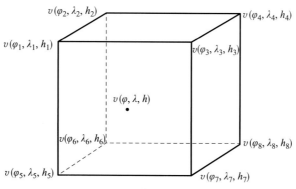

图 2.2　八点插值示意图

由于真实的地球模型存在 Conrad 面、Moho 面等明显的速度界断面，而节点法却不能真实地表达地下速度界断面存在的情形。在 Horiuchi（1982a，1982b）的基础上，Zhao（1990）将起伏变化的界面引入到三维速度结构模型的构建过程中，并采用纬度 φ 和经度 λ 的幂级数的形式将第 i 个间断面表示为：

$$H_i(\varphi,\ \lambda)=C_{i1}+C_{i2}\varphi+C_{i3}\lambda+C_{i4}\varphi^2+C_{i5}\varphi\lambda+C_{i6}\lambda^2+\cdots \tag{2.3}$$

式中的 $C_{ij}(i=1,\ 2,\ \cdots,\ m_c;\ j=1,\ 2,\ \cdots,\ n_c)$ 为待定的系数；n_c 表示幂级数展开项的个数；m_c 表示间断面的个数。根据式（2.3）便可求出待定的系数 C_{ij}。

2.2.2 正演计算

目前常用的 1D 速度模型包括 IASP91 和 AK135（Kennett B. L. N. et al.，1991；Kennett B. L. N. et al.，1995）。Zhao 采用射线追踪的方法来确定射线路径，在射线追踪的过程中，扰动的方式可分为两类：

1）连续点的扰动规则

1987 年，Um 和 Thurber 提出了伪弯曲法的理论（pseudo‐bending method）。其中，射线路径上的三个相邻点分别用 $\vec{x}_{i-1}$，$\vec{x}_i$，$\vec{x}_{i+1}$ 表示，而射线真实经过的点则用 $\vec{x}'_i$ 表示。

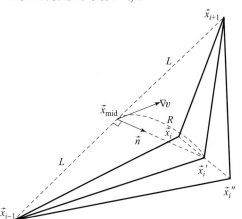

图 2.3　连续点扰动示意图
（**Um and Thurber，1987**）

先计算 R、和 $\vec{n}$ 等（见图 2.3），再确定 R 和 $\vec{n}$ 的近似值（图 2.3）。

由 Lee 等（1981），射线方程表示为：

$$-\frac{\mathrm{d}^2\vec{r}}{\mathrm{d}s^2}=\frac{\nabla v-\dfrac{\mathrm{d}v}{\mathrm{d}s}\dfrac{\mathrm{d}\vec{r}}{\mathrm{d}s}}{v} \tag{2.4}$$

点 $\vec{x}_i$ 的修正方向 $\vec{n}$ 可表示为：

$$\vec{n}=\vec{n}'/|\vec{n}'| \tag{2.5}$$

式中，$\vec{n}'=\nabla v_{\mathrm{mid}}-[\nabla v_{\mathrm{mid}}\bullet(\vec{x}_{i+1}-\vec{x}_{i-1})]\dfrac{\vec{x}_{i+1}-\vec{x}_{i-1}}{|\vec{x}_{i+1}-\vec{x}_{i-1}|^2}$，$\nabla v_{\mathrm{mid}}$ 为中间点 $\vec{x}_{\mathrm{mid}}$ 的速度梯度。

设 $L=|\vec{x}_{i+1}-\vec{x}_{\mathrm{mid}}|$，$c=\left(\dfrac{1}{v_{i+1}}+\dfrac{1}{v_{i-1}}\right)/2$，则经过点 $\vec{x}_{i-1}$、$\vec{x}'_i$ 和 $\vec{x}_{i+1}$ 的射线路径走时如下：

$$\begin{aligned}
T_{(R)}&=\sqrt{L^2+R^2}\left(\frac{1}{v_{i-1}}+\frac{1}{v_{i'}}\right)\Big/2+\sqrt{L^2+R^2}\left(\frac{1}{v_{i'}}+\frac{1}{v_{i+1}}\right)\Big/2\\
&=\sqrt{L^2+R^2}\left(c+\frac{1}{v_{i'}}\right)
\end{aligned} \tag{2.6}$$

式中的 v'_i 为 $\vec{x}'_i$ 处的速度，R 表示近似的修正距离。求解走时最小时，需计算式（2.6）中有关 R 的导数值并令其为零，可以得到：

$$\frac{R}{\sqrt{L^2+R^2}}\left(c+\frac{1}{v_i'}\right)+\sqrt{L^2+R^2}\frac{(-1)}{v_i'^2}\frac{\mathrm{d}v_i'}{\mathrm{d}R}=0 \tag{2.7}$$

化简得到下式：

$$(L^2+R^2)\frac{\mathrm{d}v_i'}{\mathrm{d}R}-Rv_i'(cv_i'+1)=0 \tag{2.8}$$

由于事先不知 v_i'（位置不确定），采用泰勒展开，只保留一级项，得到：

$$v_i'=v_{\mathrm{mid}}+\nabla v_{\mathrm{mid}}\cdot\vec{n}R \tag{2.9}$$

式中的 v_{mid} 表示点 $\vec{x}_{\mathrm{mid}}$ 的速度。根据上式得到：$\dfrac{\mathrm{d}v_i'}{\mathrm{d}R}=\vec{n}\cdot\nabla v_{\mathrm{mid}}$，设 $a=\vec{n}\cdot\nabla v_{\mathrm{mid}}$，则：

$$(L^2+R^2)a-R(v_{\mathrm{mid}}+aR)[c(v_{\mathrm{mid}}+aR)+1]=0 \tag{2.10}$$

化简为：

$$aL^2-[2acv_{\mathrm{mid}}R^2+v_{\mathrm{mid}}(cv_{\mathrm{mid}}+1)R+a^2cR^3]=0 \tag{2.11}$$

式中 a^2 为高阶项，所以 a^2cR^3 项可忽略，则：

$$2acv_{\mathrm{mid}}R^2+v_{\mathrm{mid}}(cv_{\mathrm{mid}}+1)R-aL^2=0 \tag{2.12}$$

解此一元二次方程，对应两根，但 R 不能为负，所以得到 $\vec{x}_{\mathrm{mid}}$ 到 $\vec{x}_i'$ 的修正距离 R 为：

$$R=-\frac{cv_{\mathrm{mid}}+1}{4ac}+\sqrt{\frac{(cv_{\mathrm{mid}}+1)^2}{4ac}+\frac{L^2}{2cv_{\mathrm{mid}}}} \tag{2.13}$$

根据 $\vec{n}$ 和 R 求解点 $\vec{x}_i'$ 的位置，对射线的各个部分分别采用这种三点路径扰动的方法，就可求出整条射线上的路径扰动，即最小走时的路径。

2）间断点的扰动规则

MM' 为模型中的一个速度间断面，界面的两侧三维速度函数分别为 $v_1(\varphi,\lambda,h)$ 和 $v_2(\varphi,\lambda,h)$，v_1 和 v_2 均是连续变化的（如图 2.4 所示），该间断面 MM' 的两侧的点 A 和点 B 速度分别为 v_a 和 v_b，射线路径与间断面 MM' 的交点为点 C，v_{c1} 和 v_{c2} 分别表示间断面两侧的速度。算术平均值 v_1、v_2 可以表示为：

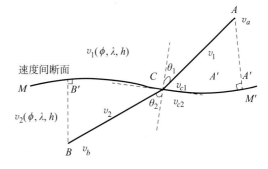

图 2.4　间断点扰动示意图（Zhao et al.，1992）

$$v_1=\frac{v_a+v_{c1}}{2},\quad v_2=\frac{v_b+v_{c2}}{2} \tag{2.14}$$

为了求解点 C，可由点 A 和点 B 分别向间断面 MM' 作垂线，垂足分别为 A'、B'，则点 C 位于 A'、B' 之间，求解 C：

$$\frac{\sin\theta_1}{v_1}=\frac{\sin\theta_2}{v_2} \tag{2.15}$$

式中的 θ_1、θ_2 分别表示射线在间断面 MM' 上的入射角和出射角。

3）近似弯曲快速射线追踪法

在 Um 和 Thurber（1987）提出的伪弯曲法基础上，Zhao et al.（1992，1994）对其进行了较大的改进，并在模型中引入了速度间断面，发展并形成了一种称之为近似弯曲快速射线追踪的方法。假设图 2.5 中存在 3 个速度间断面（discontinuity），它们分别表示 Conrad 界面、Moho 界面以及板块的俯冲边界。连接地震台站（A_1，图中黑色倒三角形表示）和震源（A_5，图中黑色五角形表示）之间的一条直线 $A_1 \sim A_5$ 作为初始的射线路径，该直线分别与界面 1、2、3 分别相交于点 A_2、A_3 和 A_4。射线追踪的过程通常先是根据间断点的扰动规则（即 Snell 定律），由 A_1 和 A_3、A_2 和 A_4、A_3 和 A_5 分别找到新的间断点 A_2'、A_3' 和 A_4'；再使用连续点的扰动规则（即伪弯曲法），通过 A_1 和 A_2'、A_2' 和 A_3'、A_3' 和 A_4'、A_4' 和 A_5' 分别找到新的连续点 B_1、B_2、B_3 和 B_4；最后，再利用间断点的扰动规则，通过连续点 B_1 和 B_2、B_2 和 B_3、B_3 和 B_4，寻求到新的间断点 A_2''、A_3'' 和 A_4''。依此类推和反复迭代直至找到收敛于射线路径走时最小的位置。

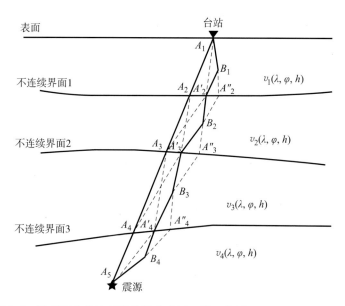

图 2.5　近似弯曲快速射线追踪方法原理的示意图（Zhao et al.，1992）

2.2.3　反演计算

走时残差的表达式可用离散化的求和形式表示如下：

$$t_{ij} = \frac{\partial T_{ij}}{\partial x_e}\Delta x_e + \frac{\partial T_{ij}}{\partial y_e}\Delta y_e + \frac{\partial T_{ij}}{\partial z_e}\Delta z_e + \Delta\tau_i + \sum_{l=1}^{N}\frac{\partial T_{ij}}{\partial V_l}\Delta V_l \tag{2.16}$$

将（2.16）式非线性的问题改写成下面线性化方程

$$\boldsymbol{Gm} = \boldsymbol{d} \tag{2.17}$$

式中的 $\boldsymbol{G}$ 表示系数矩阵，$\boldsymbol{m}$ 表示待求向量。式（2.17）的最小二乘法问题，可采用 LSQR 方法来求解对称方程：

$$\begin{bmatrix} \boldsymbol{I} & \boldsymbol{A} \\ \boldsymbol{A}^{\mathrm{T}} & -\lambda^2\boldsymbol{I} \end{bmatrix} \begin{bmatrix} r \\ x \end{bmatrix} = \begin{bmatrix} b \\ 0 \end{bmatrix} \tag{2.18}$$

式中 $\boldsymbol{I}$ 为单位矩阵。

由 Paige 和 Saunders 提出来的 LSQR 方法（1982）用到了 Lanczos 分解，Zhao 的方法使用了 LSQR 方法来求解大型系数矩阵，LSQR 方法的迭代过程分为初始化和迭代两个部分。

（1）初始化。

通过归一化 t 得到第一个基矢 u_1，即 $\beta_1 u_1 = t$，通过对 u_1 的反投影得到第一个矢量 v_1，即 $\alpha_1 v_1 = \mathbf{A}^{\mathrm{T}} u_1$。$\beta_i$ 和 α_i 的选取，则要分别使得 $\| u_i \| = 1$，$\| v_i \| = 1$。

设 u_i 为第 i 条射线的走时残差（观测与计算走时之差 b_i，$i = 1, 2, \cdots, n$），则

$$\beta_1 = \left(\sum_{i=1}^{n} u_i^2\right)^{1/2}; \alpha_1 = \left(\sum_{j=1}^{m} v_j^2\right)^{1/2}; v_i = \mathbf{A}^{\mathrm{T}} u_i; \widetilde{\varphi}_1 = \beta_1; \widetilde{\rho}_1 = \alpha_1;$$

$$\beta_1 \vec{u}_1 = \vec{b}; \alpha_1 \vec{v}_1 = \mathbf{A}^{\mathrm{T}} \vec{u}_1; \vec{w}_1 = \vec{v}_1; \vec{x}_0 = 0; \vec{r}_0 = b \tag{2.19}$$

式中的下标 1 为迭代的初值，$\vec{u}_1$ 实际上则表示 $u_i = b_i$ 的归一化，对于 $\vec{v}_1$ 同理。

（2）开始迭代（$k = 1, 2, \cdots$）。

先是在数据空间中进行投影 v_i，然后是对 u_i 正交并归一化得到：

$$\beta_2 u_2 = \mathbf{A} v_1 - \alpha_1 u_1 \tag{2.20}$$

接着，用 u_2 在模型空间中构建第一个基矢，再反投影 u_2 和对 u_1 正交得到：

$$\alpha_2 v_2 = \mathbf{A}^{\mathrm{T}} u_2 - \beta_2 v_1 \tag{2.21}$$

对以上（2.20）和（2.21）不断地进行迭代，则有：

$$\beta_{k+1} \vec{u}_{k+1} = \mathbf{A} \vec{v}_k - \alpha_k \vec{u}_k; \quad \alpha_{k+1} \vec{v}_{k+1} = \mathbf{A}^{\mathrm{T}} \vec{u}_{k+1} - \beta_{k+1} \vec{v}_k$$

$$\widetilde{\rho}_{k+1} = -\frac{\sqrt{\widetilde{\rho}_k^2 + \lambda^2}}{\sqrt{\widetilde{\rho}_k^2 + \beta_{k+1}^2 + \lambda^2}} \alpha_{k+1}; \quad \widetilde{\varphi}_{k+1} = -\frac{\beta_{k+1}}{\sqrt{\widetilde{\rho}_k^2 + \beta_{k+1}^2 + \lambda^2}} \alpha_{k+1} \tag{2.22}$$

$$\vec{x}_{k+1} = \vec{x}_k + \frac{\widetilde{\rho}_k \widetilde{\varphi}_k}{\widetilde{\rho}_k^2 + \beta_{k+1}^2 + \lambda^2} \vec{w}_k; \quad \vec{r}_{k+1} = \vec{b} - A \vec{x}_{k+1}$$

如果 $\dfrac{\| \mathbf{A} \vec{r}_{k+1} \|}{\| \vec{r}_{k+1} \|} \geqslant E$ 或者 $\vec{r}_{k+1} \leqslant \varepsilon$，则退出；否则继续进行计算得到：

$$\vec{w}_{k+1} = \vec{v}_{k+1} - \frac{\beta_{k+1} \alpha_{k+1}}{\widetilde{\rho}_k^2 + \beta_{k+1}^2 + \lambda^2} \vec{w}_k \tag{2.23}$$

2.2.4　解质量的评价

$$R = G^{-1} G \tag{2.24}$$

$$C_m = (G^{-1})^{\mathrm{T}} C_d G^{-1} \tag{2.25}$$

式中 C_d 表示数据的方差，C_m 表示协方差矩阵，G^{-1} 表示解 G 的逆。

解的唯一性可由模型分辨矩阵 R 来度量，所求的解表示如下：

$$\hat{m} = G^{-1} d = G^{-1} G m = R m \tag{2.26}$$

如果统计资料是相互独立的，用 σ^2 表示观测误差的方差，均值为零，那么，式（2.25）则又可以表示为：

$$C_m = \sigma^2 (\boldsymbol{G}^{-1})^{\mathrm{T}} \boldsymbol{G}^{-1} \qquad (2.27)$$

为了获知和评价反演结果的可靠性，普遍采用的是检测板分辨率测试（Checkerboard Resolution Test），该方法的基本思想来自 Humphreys et al.（1988）和 Grand（1997）。

2.3　近震远震层析成像

走时残差包括绝对走时残差和相对走时残差，绝对走时残差是地震信号到达同一台站观测走时与理论走时的时间差，反映从震源到接收点的射线路径上，所有速度异常体产生的走时异常累加；相对走时残差反映的是接收台站附近下方速度异常体所产生的走时异常。相对走时残差一般是去除了震源附近结构不均匀性的影响、震源参数的误差以及反演模型区域以外介质不均匀性的影响而引出的一个概念，它是接收到同一地震信号的两个台站在扣除理论走时后的时间差，即绝对走时残差的差值（Zhao et al.，1994）。近震成像的研究中经常使用的是绝对走时资料，远震成像研究用到的则是相对走时残差数据。

2.3.1　近震层析成像

第 j 个近震事件到达第 i 个地震台站的走时可以用式（2.28）表示：

$$T_{ij}^{\mathrm{obs}} = T_{ij}^{\mathrm{cal}} + \left(\frac{\partial T}{\partial \varphi}\right)_{ij} \Delta\varphi_j + \left(\frac{\partial T}{\partial \lambda}\right)_{ij} \Delta\lambda_j + \left(\frac{\partial T}{\partial h}\right)_{ij} \Delta h_j + \Delta T_{oj} + \sum_k \frac{\partial T}{\partial V_k} \Delta V_k + E_{ij} \quad (2.28)$$

式中的 T_{ij}^{obs} 代表观测走时，T_{ij}^{cal} 代表理论走时，φ_j、λ_j、h_j、T_{oj} 分别代表了第 j 个地震事件的经度、纬度、深度和发震时刻。$\frac{\partial T}{\partial \varphi}$、$\frac{\partial T}{\partial \lambda}$、$\frac{\partial T}{\partial h}$、$\frac{\partial T}{\partial V_k}$ 分别表示射线走时对震源位置参数（经度、纬度、深度）和对速度模型参数的偏导，其走时残差可写成：

$$t_{ij} = T_{ij}^{\mathrm{obs}} - T_{ij}^{\mathrm{cal}} \qquad (2.29)$$

2.3.2　远震层析成像

对于第 j 个远震事件到达第 i 个台站的观测到时 T_{ij}^{obs}：

$$T_{ij}^{\mathrm{obs}} = OT_j + B_{ij} + T_{ij}^{\mathrm{model}} + \sum_k \frac{\partial T}{\partial V_k} \Delta v_k + E_{ij} \qquad (2.30)$$

理论到时为：

$$T_{ij}^{\mathrm{cal}} = OT_j + B_{ij} + T_{ij}^{\mathrm{model}} \qquad (2.31)$$

式中的发震时刻用 OT_j 表示，B_{ij} 代表了射线在模型外部的走时，T_{ij}^{model} 代表了射线在模型内部的走时，求解第 j 个地震到第 i 个地震台站的走时残差：

$$t_{ij} = T_{ij}^{\mathrm{obs}} - T_{ij}^{\mathrm{cal}} = \sum_k \frac{\partial T}{\partial v_k} \Delta v \tag{2.32}$$

对于第 j 个地震事件而言，求解所有地震台站的平均走时残差 $\bar{r}_j$：

$$\bar{r}_j = \frac{1}{m_j} \sum_{i=1}^{m_j} r_{ij} \tag{2.33}$$

式中的 m_j 表示第 j 个地震事件观测走时的总个数。

最终，将每个地震台站的走时残差减去所有地震台站的平均走时残差即可得到相对走时残差 r_{ij}：

$$r_{ij} = t_{ij} - \bar{r}_j \tag{2.34}$$

2.4 联合反演算例

我们知道，若只使用近震进行层析成像反演，可以得到研究区壳内浅层范围内比较准确速度结构，而无法达到研究地球深部速度结构特征的目的。相反，在研究区上层区域，远震射线是近乎垂直地传播到地面接收台站，故它在浅层区域的射线交叉分布并不理想。因此，若只采用远震数据进行层析成像的话，其结果并不能反映出研究区浅层的精细速度结构特征。所以，对于同一个研究区采用近震和远震联合反演，便可同时获得研究区深浅部的速度结构特征，国内外已有的许多研究结果均表明了联合反演方法的有效性（Zhao et al.，1994，1996；Lei and Zhao，2005；Abdelwahed et al.，2007）。

2.4.1 数据来源和分析

近年来，随着四川和云南区域数字地震台网的建设以及南北地震带南段布设密集分布的宽频带大型流动地震台阵，为研究青藏高原东南缘三维速度结构、介质物性特征和强震孕育的深部动力学等科学问题奠定了丰富的波形数据基础。为了获取高质量的地震观测数据以及避免仪器极性和方位角偏差等问题，我们主要选取了在区域地震计方位角普查工作后的地震观测资料，即对于四川和云南区域数字波形台网的数据观测时段均从2009 年开始。

使用的资料来自四川省和云南省及其周边区域所布设的区域数字地震台网和中国地震科学台阵，共计 634 个台（台站的分布如图 2.6 所示）所记录到的 18530 个近震事件和 754 个远震事件，具体包括：

（1）四川、云南等区域数字地震台网 224 个固定地震台站的观测数据（时段：2009年 1 月～2014 年 12 月）。

（2）"中国地震科学台阵探测——南北地震带南段"（"喜马拉雅"项目一期）356 个流动地震台阵的观测数据（时段：2011 年 8 月～2013 年 5 月）。

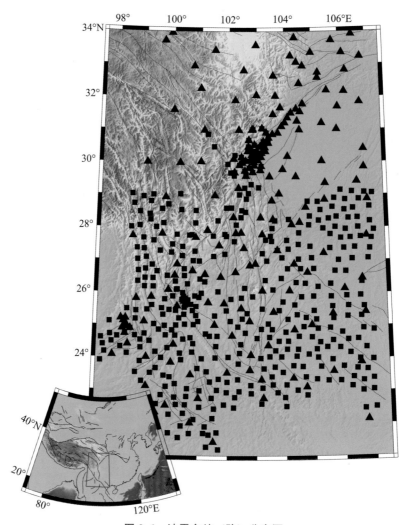

图 2.6　地震台站（阵）分布图

（3）四川芦山 $M_S7.0$ 地震科学考察 35 个台阵的观测数据（时段：2013 年 6 月～2014 年 9 月）。

（4）四川西昌 19 个流动台阵的观测数据（时段：2013 年 5 月～2015 年 3 月）。

首先，对近震波形数据进行到时提取，对于来自区域数字地震台站的近震数据，选取震相观测报告中震级大于 $M_L2.0$ 的地震事件 17734 个，对来自中国地震科学台阵记录的近震数据，选取震级大于 $M_L3.0$ 的地震事件 796 个，每个地震的 P 波到时观测数据均不少于 15 个。

从图 2.7 可以看出，研究区域内部近震事件的分布较为合理，尤其是重点关注的强震区及其附近，如川滇交界西段的木里—盐源弧形构造带、东段的莲峰、昭通断裂带等地均有较好的地震事件分布。图 2.8 为近震的时—距曲线图，根据近震走时和震中距的关系，对到时误差偏离较大的数据进行了筛选，先对 P 波到时数据采用多项式拟合计算，对明显偏离拟合曲线的到时数据进行删除，从而保证了 P 波到时数据的准确性，最终筛选和拾取到 18530 个近震事件的 249316 条 P 波到时数据。

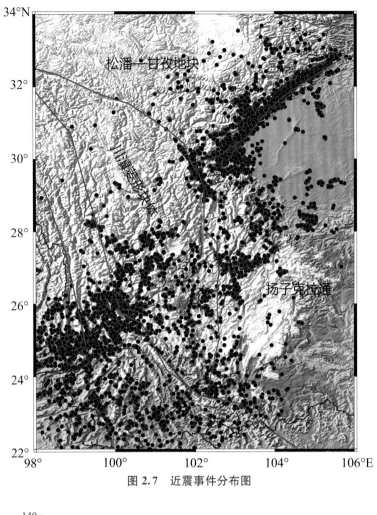

图 2.7　近震事件分布图

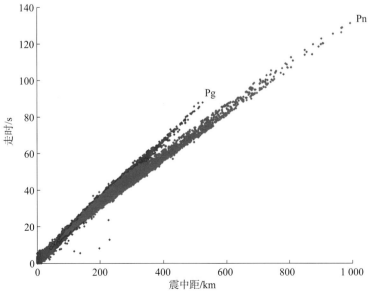

图 2.8　近震走时—震中距的关系

在选取远震事件时，为保证地震资料的信噪比和可靠性，所选地震事件的震级均≥5.0级，以确保地震波到达台站时具有较强的能量和清晰的初动，同时要求远震事件的震中距30°≤Δ≤90°，以确保地震波射线路径主要集中在地壳和上地幔。除此之外，要求每个远震事件被20个以上的地震台站（阵）记录到。根据以上原则，对远震事件进行分析和筛选，最终筛选得到的远震事件共计754个。图2.9表示了这些远震震中的位置分布情况，可以看出成像所用的远震事件具有较好的方位角分布。

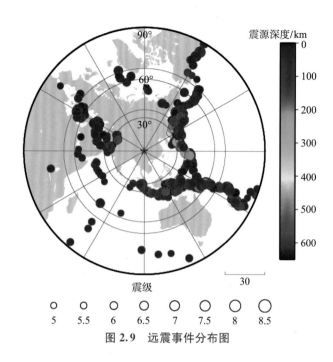

图 2.9　远震事件分布图

然后，对远震数据进行预处理，包括去倾斜、去均值、去仪器响应和带通滤波等，并采用波形互相关自适应叠加的方法（Rawlinson et al.，2004；张风雪等，2013）拾取远震事件的 P 波相对走时残差。从图 2.10 可以看出，相对走时差主要集中分布在 2s 以内，最终从 754 个远震事件中共拾取了 103 902 条 P 波数据进行反演。

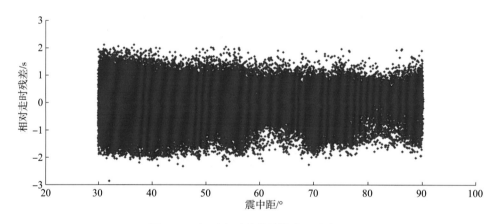

图 2.10　相对走时残差随震中距分布图

采用了 Zhao 等提出的体波层析成像方法，应用近震和远震联合反演得到青藏高原东南缘三维 P 波速度结构。该方法允许速度在三维空间内任意变化，并通过在模型空间中设置一系列的三维网格节点，节点处的速度扰动作为反演中的未知数被求解，而模型中其他任意点的速度扰动可由与之相邻的 8 个节点的速度扰动线性插值得到（Zhao et al.，1992、1994、2001）。为了快速、精确地计算理论走时和地震射线路径，该方法在射线追踪过程中对 Um 和 Thurber（Um J et al.，1987）提出的近似弯曲算法进行了改

青藏高原东南缘强震区深部结构与孕震环境研究

进，迭代地应用伪弯曲技术和斯奈尔定律进行三维射线跟踪，使之适用于复杂的速度间断面存在的情况，在反演过程中，采用带阻尼因子的 LSQR 方法（Paige et al.，1982）求解大型稀疏的观测方程组，且阻尼使得模型和数据方差均为最小。

2.4.2 初始模型和网格划分

根据研究区内地震事件分布、地震台站位置和地震射线的覆盖情况，先对研究区进行模型划分，采用的网格节点如图 2.11 所示。水平方向采用 $0.5° \times 0.5°$ 均匀划分网格，在深度方向共划分 19 层。其中，从 10 km 至 50 km 之间，每层以 5 km 等距离划分间隔，50 km 以下深度层分别设为 60 km，80 km、120 km、150 km、200 km、250 km、300 km 和 400 km。另外，在初始模型中引入了入射 Conrad 面和 Moho 面两个速度间断面，地壳中的初始速度模型参考人工地震测深的结果，Moho 面以下的初始速度结构则

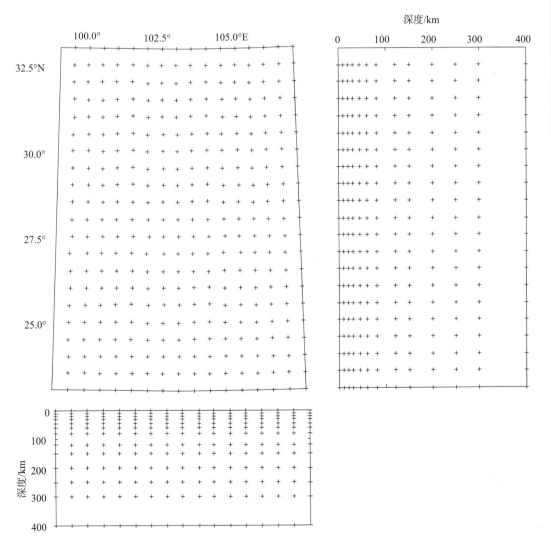

图 2.11　研究区网格划分示意图

采用 IASPEI91 模型。图 2.12 为本研究所采用的一维初始 P 波速度模型，是在综合考虑该地区已有的人工地震测深和布格重力异常反演等成果的基础上（王椿镛等，2002、2003；楼海等，2008），根据不同深度的平均速度调整获得的。

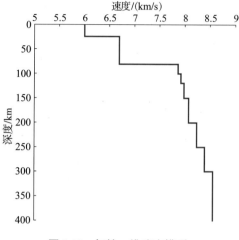

图 2.12　初始一维速度模型

2.4.3　反演结果评价

从阻尼系数、检测板测试和地震射线密度分布等三个方面对反演结果的可靠性进行评价。

1）阻尼系数

如何选取最为合适的阻尼系数使得走时残差均方根与速度扰动之间到达平衡，是保证反演计算接近真实模型的重要一步。阻尼系数的选取往往通过模型变化和数据走时方差的折衷关系曲线来确定。为了选取最为合适的阻尼系数，分别用不同的阻尼值进行了多次反演试算，最后确定了反演阻尼系数为 15（图 2.13）。

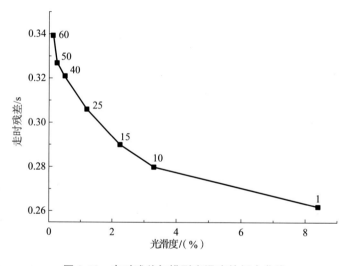

图 2.13　走时残差与模型光滑度的折中曲线

2）检测板测试

采用检测板方法对反演结果的分辨率进行测试（Zhao et al.，1994；丁志峰，1999a），先建立三维空间网格点，在一维速度模型基础上加上正负相间、扰动值为 ±3% 的速度扰动。图 2.14 给出的是数据检测板分辨率测试结果，从图中可以看出研究区不同深度层的扰动幅度恢复较好，尤其是青藏高原东南缘断裂构造带及其附近地震频发的地段，测试结果较为理想。这主要是由于断裂构造带附近架设了较密集的台站（阵）以及大量地震事件集中分布造成的。

青藏高原东南缘强震区深部结构与孕震环境研究

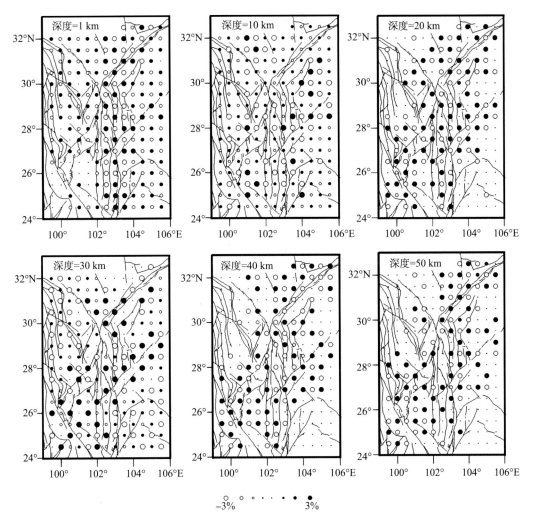

图 2.14　研究区域内不同深度处的检测板结果

层的深度展示于每个子图的左上角，图底为速度扰动标度

3）地震射线密度分布

除检测板测试外，射线密度也可以作为衡量解的可靠性的一个估计。地震射线密度分布情况和反演结果的可靠性和分辨率均存在较为密切的关系，地震射线密集的区域，其反演结果的可靠性和分辨率也就越高。图 2.15 展示的是穿过全部节点的射线数分布，从图中可以看出，研究区内绝大部分区域射线密度大于 6000 条，从而保证了层析成像的结果在该射线密集区具有较高的分辨率。

其中，在龙门山断裂带、莲峰、昭通断裂带、木里—盐源弧形构造带以及红河断裂及其附近区域的射线覆盖密度相对密集，量值普遍高达 6000～8000 条，而其他区域射线覆盖密度就相对少一些。在 30 km 深度范围内中上地壳，在四川的龙门山断裂带和云南的怒江断裂南段均存在较为密集的射线分布，射线密度大于 9000 条。

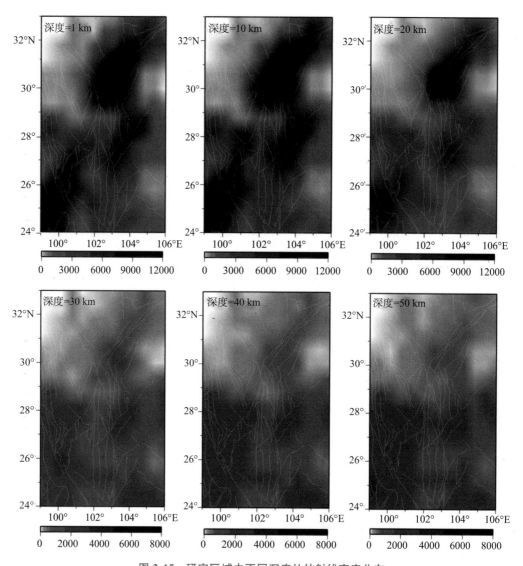

图 2.15 研究区域内不同深度处的射线密度分布

层的深度展示于每个子图的左上角，通过每个节点的射线数如图底部的色标所示

2.4.4 反演结果分析

从图 2.16 中可以看出，在浅部上地壳深度范围内，P 波速度异常分布特征与地表地质构造、地层岩性密切相关。在 1 km 深度的速度异常图上，宝兴及康定杂岩区地表出露区均存在局部的 P 波高速异常，根据地质资料研究表明，该地区以成带状分布的基性火山岩及火山碎屑岩等为特点，时代多属震旦—奥陶纪，因此该异常与宝兴、康定等地分布的侵入岩体有关。从图中还可以看出，成都新生代前陆盆地西缘低速异常分布特征明显，伴随着龙门山构造带由北西向南东方向冲断作用的持续，成都前陆盆地的发育过程出现分化：一是沿大邑—绵竹山前断裂发生由北西向南东的逆冲，另一是沿蒲江—新

津断裂发生由南东向北西的逆冲，两条断裂之间形成新的沉降中心，第四纪以来一直处于稳定的沉降状态，沉积了厚约数百米的冲洪积砂砾石层，因而在速度结构图中表现出低速异常的分布特征。盐源盆地、西昌中生代盆地和布拖盆地均表现为局部的低速异常特征，低速异常的分布主要与该地巨厚的沉积盖层有关。其中，据钻孔资料及盆地出露有早更新世昔格达组（Q_1x）河湖相地层的事实可以推断，西昌中生代盆地的第四系厚度在 1000 m 以上。新生代以来，锦屏山—玉龙雪山构造带由 NNW 向 SSE 方向推覆，持续的推挤作用致使金河—箐河冲断带前缘翘起，在重力作用下其后缘产生横向张裂下陷，形成盐源盆地，盆地内堆积了厚达 2000 m 的老第三纪冲、洪积相——山麓相磨拉石建造，以及厚约数百米的新第三纪河湖——泥炭沼泽相含煤碎屑岩建造。浅部 P 波速度的高速特征与地表地质观测到的古老的杂岩体及盆地内部第四纪沉积层相一致。

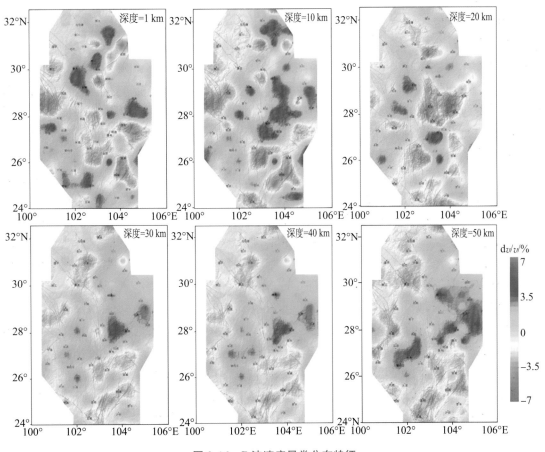

图 2.16 P波速度异常分布特征

在 10 km 深度层上，川滇地块和松潘—甘孜地块中上地壳速度结构表现出明显的横向不均匀性，并形成了尺度不同、高低速相间的分块结构，其中低速异常主要分布在小江断裂附近的会东、会泽一带以及川西北块体内部的稻城、九龙及其附近区域，盐源盆地也表现出低速异常的圈闭特征。川青块体龙门山断裂以西、抚边河断裂的北东侧表现为明显的高速异常，这主要与新生代以来岷山断块（强断隆）整体隆升有关，岷山断块是一个南北向的新构造隆起，第四纪以来的抬升幅度达 4000 m 以上。成都断陷盆地东缘的龙泉山附近区域也表现为高速异常，分布在龙泉山背斜的东西两翼且呈北东向断续延伸，作为四川台坳内部的边界断裂——龙泉山断裂带，由于该断裂带的挤压逆冲，使龙泉山崛起成为成都平原的东部屏障，而位于龙泉山断裂 SE 方向的乐山—犍为—沐川处于四川盆地弱升区的川中微升区内部，第四纪以来表现为缓慢的大面积间歇性隆起抬升，且具有西部较东部隆升快的特点，并在第四纪早期表现得尤为明显，地貌上总的特点是以山地和丘陵为主，间夹河谷平原，因此在速度异常特征分布上表现为与构造抬升有关的高速异常区。川西北块体内部沿着玉农希断裂的雅江—九龙一带的低速特征明显，第四纪以来，由于断块边界断裂的强烈差异运动，同时鲜水河断裂在该段向南偏转，由左旋水平剪切运动在转折部位转化为挤压运动而导致的地貌效应，贡嘎山断块的长期形变并表现出强烈的隆起抬升状态，使其与周围山体形成了明显不同的速度特性差异，这也说明了低速异常区介质强度相对较低，在挤压环境下容易变形抬升，20 km 深度剖面图揭示了岷山块体的低速异常分布特征明显，尤其是位于龙门山断裂带 NW 向的松潘—黑水—马尔康一带，在 20 km 的深度图上开始出现大面积的低速异常分布。从图中还可以发现，该深度处的低速异常主要分布在大凉山次级块体内部，川西北块体内部的盐源—宁蒗也表现为低速异常，四川盆地中地壳整体上已经表现出相对高速，昭通断裂不同段落所呈现出的速度异常分布也存在一定的差异，北东段和南西段分别表现出低速和高速的异常分布特征。康滇地轴内部的米易—攀枝花及其北西区域，即安宁河断裂和金河—箐河断裂所夹持的区域表现出明显的高速异常分布特征。川中台拱的西南缘荥经—马边—盐津构造带以东的峨眉、乐山一带高速异常特征明显，这一特征在 30 km 深度图上区域更为明显，其范围涵盖了四川台坳内部的峨眉—资阳—自贡—宜宾地区。

在 30 km 深度处，部分速度异常体的形态和范围有所改变，黑水—小金地区的低速异常分布更为明显，米易—攀枝花一带的正异常前缘向南扩展至元谋地区，向东延伸至巧家、会东一带，并被则木河断裂限制住了其继续东扩的范围。40～50 km 的速度图像代表了研究区中下地壳的速度结构特征，反演结果表明研究区在中、下地壳深度处速度分布呈现明显的横向不均匀性。川西北块体和松潘—甘孜块体内部出现了大范围的低速异常分布，表明它们的中下地壳相对软弱，而扬子地台西缘的四川盆地高速异常特征逐渐明显，异常北西缘随深度增加向青藏高原东边界方向扩展。龙门山断裂带东部具备二元结构的四川盆地则表现出明显的大范围的高速异常，一方面是由于盆地为上部较厚沉积盖层之下存在连续稳定的新太古界至古元古界中深变质岩系的结晶基底所致，另一方面也表明了位于扬子块体西缘的四川盆地中下地壳处于相对稳定的状态。

第 3 章

有限频层析成像

基于射线理论的走时层析成像反演，一般假定地震波的频带是无限高频的，按照费马原理，即地震波沿着耗时最短的射线路径传播，其到时在不同观测台站的差异完全取决于射线路径上的速度结构，即观测时间仅受连接震源和接收点的大圆下方射线路径上介质速度结构的影响，并且射线理论假设地球内部速度异常变化不能太大，而且异常体的尺度要远大于地震波本身的波长（Aki 等，1977），这在很大程度上限制了走时层析成像对细微结构的探测能力。但实际上地震波的频带是有限的，当地震波经过速度异常体时，会产生绕射效应，其结果在震相走时上也会反映出来。另外，随着传播距离的增加，波前由于非均匀介质发生超前或滞后的现象，也将随着波前复原逐渐消失（Nolet 和 Dahlen，2000；Hung et al.，2001）。针对以上问题，Dahlen 和 Hung 等提出了"香蕉-甜甜圈"（Banana-Doughnut）理论（Dahlen et al.，2000；Hung et al.，2000），基于此理论的层析成像又称有限频（Finite-Frequency）走时层析成像，它与射线理论走时层析成像的主要区别是：射线理论将地震波看作是无限高频的，用一条狭窄的射线路径来代替地震波的传播路径，地震波的走时主要受这条射线路径上速度结构变化的影响，而射线路径以外的速度扰动对走时没有影响；然而有限频理论认为，地震波的走时不受射线路径上速度结构的影响，而是对环绕在射线路径周围区域的三维空间内的速度结构最为敏感。

3.1　方法原理

3.1.1　基本理论

Dahlen 等（2000）考虑一个各向同性的弹性地球模型，体积为 $\oplus$，表面为 $\partial\oplus$，密度为 ρ，拉梅常数为 λ 和 μ。压缩波和剪切波的速度分别为：$\alpha = \left[(\lambda + 2\mu)/\rho\right]^{\frac{1}{2}}$，$\beta = (\mu/\rho)^{\frac{1}{2}}$。此模型内部可能存有若干的固态-固态间断面，以及若干固态-液态间断面，把这些间断面和模型的表面统称为 Σ。垂直于 Σ 的法线为 $\hat{n}$，正号（+）和负号（-）分别代表 Σ 外法线和内法线。在地震学应用中，地球模型 $\oplus$ 一般是一个球对称模型，ρ、λ、μ、α 和 β 是关于半径 r 的分段连续函数，并且 Σ 的外法线 $\hat{n}$ 是地球半径的单位向量 $\hat{r}$。

定义傅里叶正反变换公式分别为：

$$f(\omega) = \int_0^\infty f(t)\exp(-\mathrm{i}\omega t)\mathrm{d}t \tag{3.1}$$

$$f(t) = \frac{1}{\pi}\mathrm{Re}\int_0^\infty f(\omega)\exp(\mathrm{i}\omega t)\mathrm{d}\omega \tag{3.2}$$

在 $t < 0$ 时，函数 $f(t)$ 没有定义，利用 $f(-\omega) = f^*(\omega)$ 对称关系使傅里叶反变换公式（3.2）的积分在 $0 \leqslant \omega \leqslant \infty$ 范围内。星号（*）代表复数共轭。

时间域的格林函数为 $G_{rs}(t)$，它代表时刻 $t = 0$ 时，位于 s 处的震源尖脉冲在接收点

r 处上所产生的位移响应。这个格林函数满足以下关系：

$$\rho\,\partial_t^2 G_{rs} - \nabla(\lambda\,\nabla \cdot G_{rs}) - \nabla \cdot \{\mu[\nabla G_{rs} + (\nabla G_{rs})^{\mathrm{T}}]\} = 0 \tag{3.3}$$

$$\hat{n}(\lambda\,\nabla \cdot G_{rs}) + \hat{n} \cdot \{\mu[\nabla G_{rs} + (\nabla G_{rs})^{\mathrm{T}}]\} = 0 \tag{3.4}$$

公式（3.3）和（3.4）所满足的边界条件为：

$$G_{rs}(0) = 0\ \partial_t G_{rs}(0) = \rho^{-1} I\delta(r-s) \tag{3.5}$$

式中 I 是单位张量。用 JWKB 近似（Jeffreys，1925；Wentzel，1926；Kramers，1926；Brillouin，1926；Chapman，1978）可以解出此脉冲响应的格林函数，在频率域内其表达式为（Dahlen 和 Tromp，1998，第 12.5 和 15.7 章节）：

$$G_{rs}(\omega) = \frac{1}{4\pi}\sum_{\mathrm{rays}} \hat{p}_r\hat{p}_s\,(\rho_r\rho_s c_r c_s^3)^{-1/2}\Pi_{rs}\mathscr{R}_{rs}^{-1}\exp\mathrm{i}(-\omega T_{rs} + M_{rs}\pi/2) \tag{3.6}$$

式中：下脚标中含有 s 和 r 的项分别代表该项在震源和接收点处的数值；c 是沿射线的波速 α 或 β，需要注意 c_r 和 c_s 并不一定是同一种类型的波速，如果是 sP 或 ScP 转换波时，c_r 和 c_s 就分别是 α_r 和 β_s；Π_{rs} 是波传播经过各种边界的反射透射系数的乘积；$\mathscr{R}_{rs}$ 是几何扩散系数，如果是在各向同性介质中，它等同于震源和接收点的距离 $\|r-s\|$；T_{rs} 是波传播的时间；M_{rs} 是马斯洛夫指数（Maslov index），它表示地震波每经过一个焦散点（caustic 所产生 $\pi/2$ 相移的次数；）$\hat{p}_s$ 和 $\hat{p}_r$）分别是震源和接收点处波的极化方向，P 波的极化方向和波的传播方向一致，S 波的极化方向和波的传播方向垂直。

传播时间 T_{rs} 和马斯洛夫指数 M_{rs} 与波的传播方向无关，不论波是从震源到接收点行进还是从接收点到震源行进，它们都满足以下关系：

$$T_{rs} = T_{sr}，\ M_{rs} = M_{sr} \tag{3.7}$$

反射透射系数和几何扩散系数也满足以下关系式（Dahlen 和 Tromp，1998，第 12.1.6，12.1.7，15.4.6 和 15.6.3 章节）：

$$\Pi_{rs} = \Pi_{sr}，\ c_s\mathscr{R}_{rs} = c_r\mathscr{R}_{sr} \tag{3.8}$$

由公式（3.7）和（3.8）可以得到格林函数（3.6）也满足震源和接收点的互易性，即：$G_{sr} = G_{rs}^{\mathrm{T}}$。用傅里叶变换将公式（3.6）变到时间域为：

$$G_{rs}(t) = \frac{1}{4\pi}\sum_{\mathrm{rays}} \hat{p}_r\hat{p}_s\,(\rho_r\rho_s c_r c_s^3)^{-1/2}\Pi_{rs}\mathscr{R}_{rs}^{-1}\delta_{\mathrm{H}}^{(M_{rs})}(t-T_{rs}) \tag{3.9}$$

$\delta_{\mathrm{H}}^{(M)}(t)$ 是狄拉克 δ 函数（Dirac delta function）的希尔伯特变换（Hilbert transform），其表达式为：

$$\delta_{\mathrm{H}}^{(M)}(t) = \frac{1}{\pi}\mathrm{Re}\int_0^{\infty}\exp\mathrm{i}(\omega t + M\pi/2)\mathrm{d}\omega \tag{3.10}$$

地震的发生是岩石破裂短时扩张的过程，震源机制可以用矩张量的形式表示，地震矩张量的矩率为：

$$\dot{M}(t) = \sqrt{2}M_0\hat{M}\dot{m}(t) \tag{3.11}$$

式中，M_0 是矩张量的标量；$\hat{M}$ 是震源机制的单位矩张量，它满足 $\hat{M}:\hat{M}=1$。$\dot{m}(t)$ 是归一化的震源时间函数，它满足：

$$\int_{t_0}^{t_f}\dot{m}(t)\mathrm{d}t = 1 \tag{3.12}$$

式中 t_0 和 t_f 分别是破裂开始和结束的时间。这样一个破裂过程在接收点所产生的位移震动响应可以用借助体波的格林函数形式给出（Dahlen 和 Tromp，1998，第 12.5.5 和 15.7.2 章节），在频率域内为：

$$s(\omega) = \sqrt{2} M_0 (\mathrm{i}\omega)^{-1} \dot{m}(\omega) \hat{v} \cdot [\hat{M} : \nabla_s G_{rs}^{\mathrm{T}}(\omega)] \tag{3.13}$$

式中 $s(\omega)$ 是接收点处地震动在 $\hat{v}$ 方向的分量，$\dot{m}(\omega)$ 是震源时间函数经傅里叶变换到频率域的表现形式：

$$\dot{m}(\omega) = \int_{t_0}^{t_f} \dot{m}(t) \exp(-\mathrm{i}\omega t)\,\mathrm{d}t \tag{3.14}$$

在 JWKB 近似中，将公式（3.6）代入公式（3.13）中，梯度算子 ∇_s 只对 $\exp(-\mathrm{i}\omega T_{rs})$ 部分有作用，它是一个数乘的关系 $\nabla_s \to \mathrm{i}\omega c_s^{-1}\hat{k}_s$，$\hat{k}_s$ 是波传播方向的单位向量。定义如下两个因子：

$$\Lambda = \sqrt{2} M_0 (\rho_s c_s^5)^{-1/2} \hat{M} : \frac{1}{2}(\hat{k}_s \hat{p}_s + \hat{p}_s \hat{k}_s) \tag{3.15}$$

$$Y = (\rho_r c_r)^{-1/2} (\hat{v} \cdot \hat{p}_r) \tag{3.16}$$

所以公式（3.13）可以改写为：

$$s(\omega) = \frac{1}{4\pi} \sum_{\mathrm{rays}} \Lambda Y \Pi_{rs} \mathscr{R}_{rs}^{-1} \dot{m}(\omega) \exp\mathrm{i}(-\omega T_{rs} + M_{rs}\pi/2) \tag{3.17}$$

时间域的形式为：

$$s(t) = \frac{1}{4\pi} \sum_{\mathrm{rays}} \Lambda Y \Pi_{rs} \mathscr{R}_{rs}^{-1} \dot{m}_{\mathrm{H}}^{(M_{rs})}(t - T_{rs}) \tag{3.18}$$

在波恩近似条件下（Woodward，1992），可以把模型的各项参数分解为背景场和扰动场相加的形式，如密度和拉梅常数分别为：

$$\rho \to \rho + \delta\rho, \ \lambda \to \lambda + \delta\lambda, \ \mu \to \mu + \delta\mu \tag{3.19}$$

相应的压缩波和剪切波速度满足以下关系：

$$2\rho\alpha\delta\alpha = \delta\lambda + 2\delta\mu - \delta\rho\alpha^2, \ 2\rho\beta\delta\beta = \delta\mu - \delta\rho\beta^2 \tag{3.20}$$

格林函数表达式（3.6）和（3.9）以及位移响应表达式（3.17）和（3.18）也都可以表示为背景场和扰动场相加的形式：

$$G_{rs} \to G_{rs} + \delta G_{rs} \tag{3.21}$$

$$S_{rs} \to S_{rs} + \delta S_{rs} \tag{3.22}$$

Dahlen 等（2000）用波恩近似并结合单一散射点的假设（图 3.1）在频率域给出格林函数和位移响应扰动的形式：

$$\delta G_{rs} = \iiint_{\oplus} \delta\rho(\omega^2 G_{rx} \cdot G_{xs})\,\mathrm{d}^3 x$$
$$- \iiint_{\oplus} \delta\lambda(\nabla \cdot G_{rx}^{\mathrm{T}})(\nabla \cdot G_{xs})\,\mathrm{d}^3 x \tag{3.23}$$
$$- \iiint_{\oplus} \delta\mu \, (\nabla G_{rx})^{\mathrm{T}} : [\nabla G_{xs} + (\nabla G_{xs})^{\mathrm{T}}]\,\mathrm{d}^3 x$$

$$\delta s(\omega) = \left(\frac{\omega}{4\pi}\right)2 \iiint_{\oplus} \{ \sum_{\text{rays}'} \sum_{\text{rays}''} (c'c''^3) - 1/2$$
$$\times \Lambda' Y'' \Pi_{xs} \Pi_{rx} (\mathscr{R}_{xs} \mathscr{R}_{rx}) - 1(\hat{p}'' \cdot S \cdot \hat{p}')\dot{m}(\omega)$$
$$\times \mathrm{expi}[-\omega(T_{xs} + T_{rx}) + (M_{xs} + M_{rx})\pi/2]\}\mathrm{d}^3 x \tag{3.24}$$

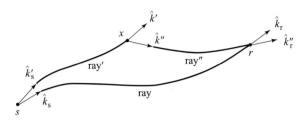

图 3.1 震源（s）、台站（r）、散射点（x）位置示意图

ray：从 s 到 r 的射线路径；ray'：从 s 到 x 的射线路径；ray''：从 x 到 r 的射线路径；$\hat{k}_s$ 和 $\hat{k}_s'$ 分别是震源 s 处射线 ray 和 ray' 传播方向的单位向量；$\hat{k}'$ 和 $\hat{k}''$ 分别是散射点 x 处射线 ray' 和 ray'' 传播方向的单位向量；$\hat{k}_r$ 和 $\hat{k}_r''$ 分别是接收点 r 处射线 ray 和 ray'' 传播方向的单位向量（Dahlen 等，2000）

式中：G_{xs} 和 G_{rx} 分别是从震源到散射点和从散射点到接收点的格林函数；Π_{xs} 和 Π_{rx} 表示反射透射系数的乘积；$\mathscr{R}_{xs}$ 和 $\mathscr{R}_{rx}$ 是几何扩散因子；T_{xs} 和 T_{rx} 是传播时间；M_{xs} 和 M_{rx} 是马斯洛夫指数；ray' 是从震源到散射点的射线路径，ray'' 是从散射点到接收点的射线路径；$\hat{p}'$ 和 $\hat{p}''$ 分别是到达散射点 x 和从散射点 x 出发的波的极化方向；c' 和 c'' 分别是到达散射点 x 和从散射点 x 出发的波的速度。Λ' 和 Y'' 的表达式分别为：

$$\Lambda' = \sqrt{2} M_0 (\rho_s c_s^5)^{-1/2} \hat{M} : \frac{1}{2} (\hat{k}_s \hat{p}_s' + \hat{p}_s' \hat{k}_s') \tag{3.25}$$

$$Y'' = (\rho_r c_r)^{-1/2} (\hat{v} \cdot \hat{p}_r'') \tag{3.26}$$

式中 $\hat{p}_s'$ 和 $\hat{p}_r''$ 分别是震源和接收点处波的极化方向。

根据公式（3.7）和（3.8）的互易性，很容易得到：

$$T_{rx} = T_{xr} , \quad M_{rx} = M_{xr} \tag{3.27}$$

$$\Pi_{rx} = \Pi_{xr} , \quad c''\mathscr{R}_{rx} = c_r \mathscr{R}_{xr} \tag{3.28}$$

为了简洁，对未经过散射点的波 ray，从震源到散射点的波 ray'，以及从接收点到散射点的波 ray'' 分别不加引号，加单引号，加双引号进行区别。相应的各种符号做如下调整：

$$T = T_{rs} , \quad T' = T_{xs} , \quad T'' = T_{xr} \tag{3.29}$$

$$M = M_{rs} , \quad M' = M_{xs} , \quad M'' = M_{xr} \tag{3.30}$$

$$\Pi = \Pi_{rs} , \quad \Pi' = \Pi_{xs} , \quad \Pi'' = \Pi_{xr} \tag{3.31}$$

$$\mathscr{R} = \mathscr{R}_{rs} , \quad \mathscr{R}' = \mathscr{R}_{xs} , \quad \mathscr{R}'' = \mathscr{R}_{xr} \tag{3.32}$$

接收点处的震动响应公式（3.17）和（3.24）改写为：

$$s(\omega) = \frac{1}{4\pi} \sum_{\text{rays}} \Lambda Y \Pi \mathscr{R}^{-1} \dot{m}(\omega) \mathrm{expi}(-\omega T + M\pi/2) \tag{3.33}$$

$$\delta s(\omega) = \left(\frac{\omega}{4\pi}\right)^2 \iiint_{\oplus} \{ \sum_{\text{rays}'} \sum_{\text{rays}''} c_r^{-1} (c'c'')^{-1/2}$$
$$\times \Lambda'Y''\Pi'\Pi''(\mathcal{R}'\mathcal{R}'')^{-1}(\hat{p}'' \cdot S \cdot \hat{p}')\dot{m}(\omega) \tag{3.34}$$
$$\times \exp i[-\omega(T'+T'')+(M'+M'')\pi/2]\} d^3x$$

公式（3.33）和（3.34）转为时间域为：

$$s(t) = \frac{1}{4\pi} \sum_{\text{rays}} \Lambda Y \Pi \mathcal{R}^{-1} \dot{m}_H^{(M)} (t-T) \tag{3.35}$$

$$\delta s(t) = -\left(\frac{1}{4\pi}\right) 2 \iiint_{\oplus} \{ \sum_{\text{rays}'} \sum_{\text{rays}''} c_r^{-1}(c'c'') - 1/2$$
$$\times \Lambda'Y''\Pi'\Pi''(\mathcal{R}'\mathcal{R}'') - 1(\hat{p}'' \cdot S \cdot \hat{p}')$$
$$\times \dddot{m}_H^{(M'+M'')} (t-T'-T'')\} d^3x \tag{3.36}$$

在初始地球模型（ρ，λ，μ，α，β）中可以用 JWKB 近似或者其他方法计算得到合成地震波形 $s(t)$，如果地球有扰动（$\rho+\delta\rho$，$\lambda+\delta\lambda$，$\mu+\delta\mu$，$\alpha+\delta\alpha$，$\beta+\delta\beta$），在接收点所观测到的波形 $s^{\text{obs}}(t)$ 为：

$$s^{\text{obs}}(t) = s(t) + \delta s(t) \tag{3.37}$$

通过分析波形得到扰动模型和初始模型在走时上的差异（走时残差），像第 2.1 节一样，建立走时残差和扰动参数之间的关系式后，可以通过另一种方法（有限频层析成像反演）反演地球扰动模型的参数，比如速度扰动 $\delta\alpha$ 和 $\delta\beta$ 等。下面推导在有限频层析成像反演中，走时残差和速度异常等参数的关系。

对于容易分辨的单一震相波形，如 P、PP、PcP 或者 S、SS、ScS 等，若其到时在时窗 $t_1 \leqslant t \leqslant t_2$ 内，合成波形和观测波形互相关的表达式为：

$$\Gamma(\tau) = \int_{t_1}^{t_2} s(t-\tau)s^{\text{obs}}(t) dt \tag{3.38}$$

把上式分解成零阶项和一阶项的和：

$$\Gamma(\tau) = \gamma(\tau) + \delta\gamma(\tau) \tag{3.39}$$

式中，

$$\gamma(\tau) = \int_{t_1}^{t_2} s(t-\tau)s(t) dt \tag{3.40}$$

$$\delta\gamma(\tau) = \int_{t_1}^{t_2} s(t-\tau)\delta s(t) dt \tag{3.41}$$

观测走时 T^{obs} 与合成走时 T 的走时残差 δT 定义为：$\delta T = T^{\text{obs}} - T$，$\delta T$ 是 $\Gamma(\tau)$ 取最大值所对应的 τ 值。显然在零延迟 $\tau=0$ 处，$\gamma(\tau)$ 达到最大值，此时满足 $\partial_\tau \gamma(0)=0$。$\Gamma(\tau)$ 的最大值也将出现在 $\tau=0$ 附近，将 $\Gamma(\tau)$ 在 $\tau=0$ 处按泰勒级数展开，只保留到二阶小量：

$$\Gamma(\delta\tau) = \gamma(0) + \delta\tau\, \partial_\tau \gamma(0) + \frac{1}{2}\delta\tau^2\, \partial_{\tau\tau}\gamma(0) + \delta\gamma(0) + \delta\tau\, \partial_\tau\, \delta\gamma(0)$$
$$\tag{3.42}$$
$$= \gamma(0) + \frac{1}{2}\delta\tau^2\, \partial_{\tau\tau}\gamma(0) + \delta\gamma(0) + \delta\tau\, \partial_\tau\, \delta\gamma(0)$$

$\Gamma(\delta\tau)$ 取最大值时 $\delta\tau$ 应该满足如下方程：

$$\partial_{\delta\tau}\left[\gamma(0)+\frac{1}{2}\delta\tau^2\,\partial_{\tau\tau}\gamma(0)+\delta\gamma(0)+\delta\tau\,\partial_\tau\,\delta\gamma(0)\right]=0 \tag{3.43}$$

整理后得：

$$\delta\tau=-\frac{\partial_\tau\,\delta\gamma(0)}{\partial_{\tau\tau}\gamma(0)} \tag{3.44}$$

式中的 $\delta\tau$ 就是要求的走时残差 δT，将相应的各个表达式代入公式（3.44）可得：

$$\delta T=\frac{\int_{t_1}^{t_2}\dot{s}(t)\delta s(t)\mathrm{d}t}{\int_{t_1}^{t_2}\ddot{s}(t)s(t)\mathrm{d}t}=\frac{Re\int_0^\infty i\omega s^*(\omega)\delta s(\omega)\mathrm{d}\omega}{\int_0^\infty\omega^2\mid s(\omega)\mid^2\mathrm{d}\omega} \tag{3.45}$$

定义一个无量纲的比例系数：

$$N=\left(\frac{\Lambda'}{\Lambda}\right)\left(\frac{Y''}{Y}\right)\left(\frac{\Pi'\Pi''}{\Pi}\right)$$

$$=\left[\frac{\hat{M}:\frac{1}{2}\,(\hat{k}'_s\hat{p}'_s+\hat{p}'_s\hat{k}'_s)}{\hat{M}:\frac{1}{2}\,(\hat{k}_s\hat{p}_s+\hat{p}_s\hat{k}_s)}\right]\left(\frac{\hat{v}\cdot\hat{p}''_r}{\hat{v}\cdot\hat{p}_r}\right)\left(\frac{\Pi_{xs}\Pi_{xr}}{\Pi_{rs}}\right) \tag{3.46}$$

走时残差 δT 可以写成如下的形式：

$$\delta T=\iiint_\oplus\left[K_\alpha\left(\frac{\delta\alpha}{\alpha}\right)+K_\beta\left(\frac{\delta\beta}{\beta}\right)+K_\rho\left(\frac{\delta\rho}{\rho}\right)\right]\mathrm{d}^3x \tag{3.47}$$

式中

$$K_{\alpha,\beta,\rho}=-\frac{1}{2\pi}\sum_{\mathrm{rays'}}\sum_{\mathrm{rays''}}N\;\Omega_{\alpha,\beta,\rho}\left(\frac{1}{\sqrt{c'c''}}\right)\left(\frac{\mathscr{R}}{c_r\mathscr{R}'\mathscr{R}''}\right)$$

$$\times\frac{\int_0^\infty\omega^3\mid\dot{m}(\omega)\mid^2\sin[\omega(T'+T''-T)-(M'+M''-M)\pi/2]\mathrm{d}\omega}{\int_0^\infty\omega^2\mid\dot{m}(\omega)\mid^2\mathrm{d}\omega} \tag{3.48}$$

式中的 K_α、K_β、K_ρ 是三维灵敏度算核，它们分别和 $\delta\alpha/\alpha$、$\delta\beta/\beta$、$\delta\rho/\rho$ 对走时残差 δT 的影响程度有关。公式（3.48）是三维灵敏度算核的表达式，这是一个对到达散射点所有射线进行求和的形式。$\Omega_{\alpha,\beta,\rho}$ 是散射系数，代表波通过散射点后能量朝各个方向散射的比例。震源时间函数的能量谱 $\mid\dot{m}(\omega)\mid^2$ 明确表达出在求互相关走时残差时要考虑频率的影响，这也强调指出 K_α、K_β、K_ρ 是走时残差 δT 的灵敏度算核。如果在做互相关之前，若对合成波形和观测波形进行了带通滤波，能量谱 $\mid\dot{m}(\omega)\mid^2$ 也要进行同样的带通滤波。

公式（3.47）和（3.48）通过有限频灵敏度算核的形式建立了走时残差和模型参数异常（如速度异常，密度异常等）的关系。在实际计算时走时差异 δT 是相对走时残差（不同台站间同一震相走时减去理论到时之后的走时差异再扣除均值，也就是因台站附近的速度异常体所引起的时间差异），而非走时残差，所以还需要建立相对走时残差和模型参数异常之间的关系。

假设两个台站 A 和 B 记录同一震相的观测波形分别为 $s_A^{\mathrm{obs}}(t)$ 和 $s_B^{\mathrm{obs}}(t)$，扣除理论走时后（即扣除台站因震中距的不同所造成的走时），两个台站的走时分别为 T_A 和 T_B，

台站 A 和 B 间观测波形以及相对走时 ΔT 分别为：

$$s_A^{obs}(t) = s_A(t) + \delta s_A(t), \, s_B^{obs}(t) = s_B(t) + \delta s_B(t) \tag{3.49}$$

$$\Delta T = T_B - T_A \tag{3.50}$$

$s_A^{obs}(t)$ 和 $s_B^{obs}(t)$ 的互相关表达式为：

$$\Gamma(\tau) = \int_{t_1}^{t_2} s_A^{obs}(t-\tau) s_B^{obs}(t) \, dt \tag{3.51}$$

同样公式（3.51）分解成零阶项和一阶项的和：

$$\Gamma(\tau) = \gamma(\tau) + \delta\gamma(\tau) \tag{3.52}$$

式中：

$$\gamma(\tau) = \int_{t_1}^{t_2} s_A(t-\tau) s_B(t) \, dt \tag{3.53}$$

$$\delta\gamma(\tau) = \int_{t_1}^{t_2} \left[s_A(t-\tau)\delta s_B(t) + \delta s_A(t-\tau) s_B(t) \right] dt \tag{3.54}$$

不难想象在初始模型中，当 $\tau = \Delta T$ 时，$\gamma(\tau)$ 达到最大值，此时满足 $\partial_\tau \gamma(\Delta T) = 0$，按同样的方法将 $\Gamma(\tau)$ 在 $\tau = \Delta T$ 处按泰勒级数展开，只保留到二阶小量。

$$\Gamma(\Delta T + \delta\tau) = \gamma(\Delta T) + \delta\tau \, \partial_\tau \gamma(\Delta T) + \frac{1}{2}\delta\tau^2 \, \partial_{\tau\tau} \gamma(\Delta T)$$

$$+ \delta\gamma(\Delta T) + \delta\tau \, \partial_\tau \delta\gamma(\Delta T) \tag{3.55}$$

$$= \gamma(\Delta T) + \frac{1}{2}\delta\tau^2 \, \partial_{\tau\tau}\gamma(\Delta T) + \delta\gamma(\Delta T) + \delta\tau \, \partial_\tau \delta\gamma(\Delta T)$$

式中的 $\delta\tau$ 就是相对走时残差 $\delta(\Delta T)$，公式（3.55）取最大值时需要满足如下方程：

$$\partial_{\delta\tau} \left[\gamma(\Delta T) + \frac{1}{2}\delta\tau^2 \, \partial_{\tau\tau}\gamma(\Delta T) + \delta\gamma(\Delta T) + \delta\tau \, \partial_\tau \delta\gamma(\Delta T) \right] = 0 \tag{3.56}$$

整理后得：

$$\delta\tau = -\frac{\partial_\tau \delta\gamma(\Delta T)}{\partial_{\tau\tau}\gamma(\Delta T)} \tag{3.57}$$

将相应的各个表达式代入公式（3.57）可得：

$$\delta T = \frac{\int_{t_1}^{t_2} \left[\dot{s}_A(t-\Delta T)\delta s_B(t) + \delta\dot{s}_A(t-\Delta T) s_B(t) \right] dt}{\int_{t_1}^{t_2} \ddot{s}_A(t-\Delta T) s_B(t) \, dt}$$

$$= \frac{Re \int_0^\infty i\omega \left[s_A^*(\omega)\delta s_B(\omega) + \delta s_A^*(\omega) s_B(\omega) \right] e^{i\omega\Delta T} d\omega}{Re \int_0^\infty \omega^2 s_A^*(\omega) s_B(\omega) e^{i\omega\Delta T} d\omega} \tag{3.58}$$

整理后，相对走时残差 $\delta(\Delta T)$ 可以写成如下的形式：

$$\delta(\Delta T) = \iiint_\oplus \left[K_\alpha \left(\frac{\delta\alpha}{\alpha} \right) + K_\beta \left(\frac{\delta\beta}{\beta} \right) + K_\rho \left(\frac{\delta\rho}{\rho} \right) \right] d^3 x \tag{3.59}$$

其中，在马斯洛夫指数 $M_A = M_B$ 时，相对走时残差的有限频灵敏度算核可以由下式给出（Dahlen 等，2000）：

$$K_{\alpha,\beta,\rho}^{B-A} = K_{\alpha,\beta,\rho}^B - K_{\alpha,\beta,\rho}^A \tag{3.60}$$

公式（3.59）和（3.60）通过有限频灵敏度算核的形式建立了相对走时残差和速度异常

间的关系。

公式（3.47）和（3.59）表明，有限频灵敏度算核是有限频层析成像的基础，公式（3.48）所表征的有限频灵敏度算核是对 $t_1 \leqslant t \leqslant t_2$ 时窗内所有单点散射波进行求和的形式，对所有满足条件的单点散射波进行射线追踪将是一个非常耗时的过程。用傍轴近似（paraxial approximation）可以有效地减少射线追踪的运算量（Dahlen 等，2000），在傍轴近似中，走时残差 δT 一般对射线路径周边相对细长区域内的速度或密度扰动较为敏感。粗略地说，位于第一菲涅尔带（the first Fresnel zone）之外散射点 x 上的灵敏度算核 $K_{\alpha,\beta,\rho} \approx 0$。第一菲涅尔带定义如下：走时满足 $0 \leqslant \overline{\omega}(T' + T'' - T) \leqslant \pi$ 的散射点所组成的集合，其中 $\overline{\omega}$ 是功率谱 $|\dot{m}(\omega)|^2$ 的主频率。忽略那些与未扰动波类型不同的散射波，很容易就可推想到，具有相同类型的散射波传播路径应该在未扰动波传播路径的周边，称为傍轴射线（paraxial rays）。傍轴射线在震源和接收点处的传播方向、极化方向分别和未受扰动波的中心主射线相同。即 $\hat{k}'_s = \hat{k}_s$、$\hat{p}'_s = \hat{p}_s$、$\hat{k}''_r = \hat{k}_r$、$\hat{p}''_r = \hat{p}_r$。傍轴射线和中心主射线受到了几乎相同的边界作用，相同的近似，认为 $\Pi_{xs}\Pi_{xr} = \Pi_{rs}$。综合以上，公式（3.46）简化为：

$$N = 1 \tag{3.61}$$

从散射点出发和到达散射点的散射波传播方向也几乎相同：$\hat{k}'' = \hat{k}'$，并且假设散射点处的横波极化方向也相同：$\hat{q}'' = \hat{q}'$。基于以上两个等式，由 Dahlen et al.（2000）中的表1，可以推得：只有 P→P 和 S→S 的散射系数不为零，其他各项均为零。即：

$$\Omega_\alpha^{P \to P} = \Omega_\beta^{SV \to SV} = \Omega_\beta^{SH \to SH} = 1 \tag{3.62}$$

其他情况：

$$\Omega_{\alpha,\beta,\rho}^{P,SV,SH \to P,SV,SH} = 0 \tag{3.63}$$

由于同种类型的波（P→P，S→S）的散射系数不为零，转换波的散射系数为零，所以在散射点处 $c' = c'' = c$，c 是散射点处纵波或横波的速度。所以在傍轴近似的条件下可以把灵敏度算核的表达式（3.48）简化成一个便于计算的简洁形式：

$$K_{\alpha,\beta} = -\frac{1}{2\pi c}\left(\frac{\mathscr{R}}{c_r \mathscr{R}'\mathscr{R}''}\right)$$

$$\times \frac{\int_0^\infty \omega^3 |\dot{m}(\omega)|^2 \sin[\omega(T' + T'' - T) - (M' + M'' - M)\pi/2]\mathrm{d}\omega}{\int_0^\infty \omega^2 |\dot{m}(\omega)|^2 \mathrm{d}\omega} \tag{3.64}$$

式中：$K_{\alpha,\beta}$ 分别是纵波和横波的灵敏度算核；c 是散射点上的波速（纵波速或横波速，分别对应于纵波或横波灵敏度算核）；c_r 是接收点的波速；$\mathscr{R}$、$\mathscr{R}'$、$\mathscr{R}''$ 分别是从震源到接收点、震源到散射点、接收点到散射点的几何扩散系数；相应地 T、T'、T'' 和 M、M'、M' 分别是相应射线的传播走时和马斯洛夫指数（Maslov index）；$|\dot{m}(\omega)|^2$ 是震源时间函数的功率谱。

3.1.2　几何扩散系数的计算

在图 3.2 中，从震源 S 到接收点 R 有一条射线，在 S 处的离源角为 i_0，在接收点 R 处的入射角为 i，S 和 R 到地球球心的距离分别为 r_0 和 r，S 和 R 的震中距为 Δ。如果射

线的离源角 i_0 有一微小扰动 $\mathrm{d}i_0$，相应的震中距也将有一微小扰动 $\mathrm{d}\Delta$。图 3.2 的左侧是把震源 S 放大后的震源球，当射线的离源角有 $\mathrm{d}i_0$ 扰动时，射线在震源球上产生的立体角 $\mathrm{d}\Omega$ 为（球面面积除以球半径的平方，称为立体角）：

$$\mathrm{d}\Omega = \frac{2\pi \times \varepsilon\sin i_0 \times \varepsilon\mathrm{d}i_0}{4\pi\varepsilon^2} \times 4\pi = 2\pi\sin i_0\,\mathrm{d}i_0 \tag{3.65}$$

式中，ε 为震源球的半径。

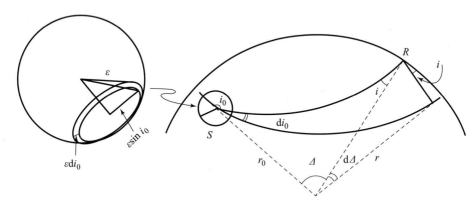

图 3.2　射线束的宽度

左边是放大后的震源球（Nolet，2008）

同时，当射线离开震源时会以射线束的形式传播，射线束在接收点 R 处的视表面积 S^* 为：

$$S^* = 2\pi \times r\sin\Delta \times r\mathrm{d}\Delta = 2\pi r^2 \sin\Delta\mathrm{d}\Delta \tag{3.66}$$

把视表面积 S^* 投影到垂直射线的平面上则得到射线束的横截面积 S 为：

$$S = S^* \times \cos i = 2\pi r^2 \sin\Delta\cos i\mathrm{d}\Delta \tag{3.67}$$

另外，横截面积 S 和立体角 $\mathrm{d}\Omega$ 有如下关系：

$$S = \mathcal{R}^2\mathrm{d}\Omega \tag{3.68}$$

式中 $\mathcal{R}$ 就是几何扩散系数，得到关系式：

$$\mathcal{R} = \sqrt{\frac{S}{\mathrm{d}\Omega}} = \sqrt{\frac{r^2\sin\Delta\cos i}{\sin i_0}\left(\frac{\mathrm{d}\Delta}{\mathrm{d}i_0}\right)} \tag{3.69}$$

由于射线参数 $p = \mathrm{d}T/\mathrm{d}\Delta$，在球形介质中有如下关系式：

$$\frac{r_0\sin i_0}{c_0} = \frac{\mathrm{d}T}{\mathrm{d}\Delta} \tag{3.70}$$

将公式（3.70）两边分别对 Δ 求导，则有：

$$\frac{r_0\cos i_0}{c_0}\left(\frac{\mathrm{d}i_0}{\mathrm{d}\Delta}\right) = \frac{\mathrm{d}^2 T}{\mathrm{d}\Delta^2} \tag{3.71}$$

从公式（3.71）中很容易得到：

$$\frac{\mathrm{d}i_0}{\mathrm{d}\Delta} = \frac{c_0}{r_0\cos i_0}\left(\frac{\mathrm{d}^2 T}{\mathrm{d}\Delta^2}\right) \tag{3.72}$$

将公式（3.72）代入公式（3.69）得到：

$$\mathcal{R} = \sqrt{\frac{r^2 r_0 \cos i_0 \sin \Delta \cos i}{c_0 \sin i_0} \left(\frac{\mathrm{d}^2 T}{\mathrm{d}\Delta^2}\right)^{-1}} \qquad (3.73)$$

公式（3.73）就是几何扩散系数 $\mathcal{R}$ 的计算公式。若在各向同性的介质中，$\mathcal{R}$ 与震源和接收点的距离 L 相等。

3.1.3　灵敏度算核的计算

有限频走时层析成像中一个很重要的过程就是灵敏度算核的计算。Zhao et al. （2000）和 Capdeville（2005）用简正振型（normal mode）方法获得球对称介质中弹性波的三维有限频走时灵敏度算核，用简正振型方法构建的体波波场是严格符合波动方程的，但是它的计算量非常庞大。Dahlen 等用射线求和（ray sums）和傍轴近似（paraxial approximation）两种方法获得三维灵敏度算核，并对两种方法的优缺点进行了分析（Dahlen et al.，2000；Hung et al.，2000）。射线求和方法的计算速度要比简正振型方法高，但是需要许多的射线追踪，需要追踪从震源到介质中各个散射点的射线以及从各个散射点到接收点的射线，并且射线求和方法不适用于转换震相（如 PcS、PS 等）。在傍轴近似方法中只追踪从震源到接收点的射线路径即可，不需要许多额外的射线追踪，用傍轴近似方法计算灵敏度算核适用于震中距在 $30°\sim90°$ 间的常见震相（如 P、PcP、PP、S、ScS、SS 等），这些震相都是远震体波层析成像研究中常用的震相，所以傍轴近似方法是远震体波有限频走时层析成像中经常用到的方法。另外还有联合波场法（adjoint-wavefield，Tromp et al.，2005；Liu 和 Tromp，2006）以及散射积分法（scattering-integral，Zhao et al.，2005）。灵敏度算核的计算是一个非常耗时的过程，各种计算方法都是兼顾精度的前提下来提高计算效率。

在 3.1.1 小节中得到一个便于计算的灵敏度算核的公式（3.64）：

$$K_{\alpha,\beta} = -\frac{1}{2\pi c} \left(\frac{\mathcal{R}}{c_r \mathcal{R}' \mathcal{R}''}\right)$$

$$\times \frac{\int_0^\infty \omega^3 \mid \dot{m}(\omega) \mid^2 \sin[\omega(T' + T'' - T) - (M' + M'' - M)\pi/2]\mathrm{d}\omega}{\int_0^\infty \omega^2 \mid \dot{m}(\omega) \mid^2 \mathrm{d}\omega}$$

从上式可以看出灵敏度算核的计算主要涉及震源、接收点、散射点三点之间的走时、几何扩散系数、马斯洛夫指数三个方面的求解问题（图 3.3），其中以走时的求解最为费时。对于单个灵敏度算核，如果我们分别得到以震源 S 和接收点 R 为激发中心的两个时间场，则散射点的走时求解问题也就变得较为简便，2.2 节所介绍的 FMM 射线追踪方法具有快速求解所有节点上时间的优点，所以公式（3.64）中的走时可以用 FMM 射线追踪的方法求解，几何扩散系数的计算公式可按公式（3.73）求解，马斯洛夫指数表示地震波每经过一个焦散点所产生 $\pi/2$ 相移的次数，这在射线追踪的过程中也比较容易求得。

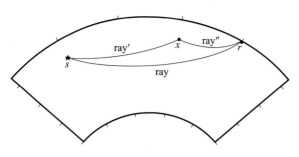

图 3.3　震源（s）、台站（r）、散射点（x）位置示意图

(Dahlen et al.，2000；Hung et al.，2000)

ray：从 s 到 r 的射线路径；ray′：从 s 到 x 的射线路径；

ray″：从 r 到 x 的射线路径

3.2　几个影响因素分析

本节就远震层析成像中的应用多道互相关技术拾取地震走时的时窗选取、不同期拾取数据反演和方位角均衡等问题进行了对比验证分析。

3.2.1　拾取窗口的选取

多道互相关拾取相对走时残差的原理是依据 VanDecar 和 Crosson（1990）实现的，其基本过程为：对于接收到相同地震事件信息的所有台站，先去除理论模型（如 IASP91 或 AK135）所预测的理论到时，然后对每两个台站选取包含所需震相到时的时窗，采用波形互相关法，找到其相关性最大时所对应的相对走时残差 Δt（VanDecar and Crosson，1990）。应用波形互相关拾取地震到时，时窗选取不同对拾取到的结果影响还不是很清楚。本节通过选取不同时窗拾取远震地震走时，来研究时间窗口对拾取到时的影响。

为研究不同时窗对拾取到时的影响，选取 $0.02\sim0.1$（Hz）作为目标频段。以 2010 年 1 月 5 日发生在印度尼西亚 Minahasa 的 $M5.8$ 级地震（记作 eq1）、2010 年 8 月 10 日发生在瓦努阿图的 $M7.3$ 级地震（记作 eq2）、2010 年 9 月 8 日发生在瓦努阿图的 $M6.3$ 级地震（记作 eq3）为例，在不同时窗下分别拾取到时数据。三个地震地震波在 $0.02\sim0.1$（Hz）频段内主周期分别为 15s、16s 和 13s，因此设置三个时间窗口，$T/2$、T、$3T/2$ 的时窗下进行多道互相关拾取到时，图 3.4～图 3.7 分别为地震 eq1、eq2、eq3 分别在时间窗口 $T/2$、T、$3T/2$ 下互相关拾取到时。

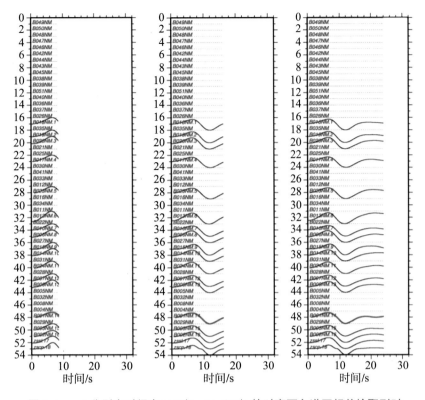

图 3.4　eq1 分别在时间窗口 $T/2$、T、$3T/2$ 的时窗下多道互相关拾取到时

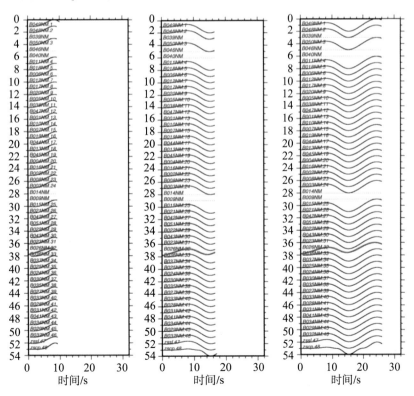

图 3.5　eq2 分别在时间窗口 $T/2$、T、$3T/2$ 的时窗下多道互相关拾取到时

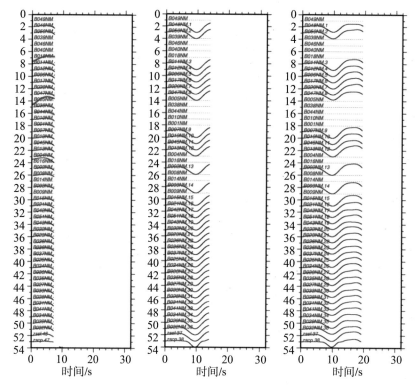

图 3.6 eq3 分别在时间窗口 $T/2$、T、$3T/2$ 的时窗下多道互相关拾取到时

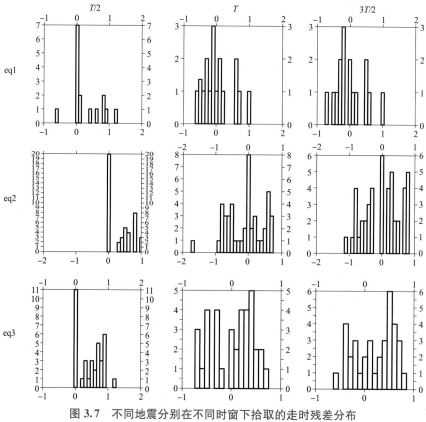

图 3.7 不同地震分别在不同时窗下拾取的走时残差分布

为了验证数据的准确性，利用波形相关的两种方法拾取的地震走时残差，如图 3.8～图 3.10，两种方法拾取的走时残差如果相等或者相近，则图中的红点应在斜率＝1.0 的直线附近。对比表明，选取时窗至少应以地震波一个周期为宜。

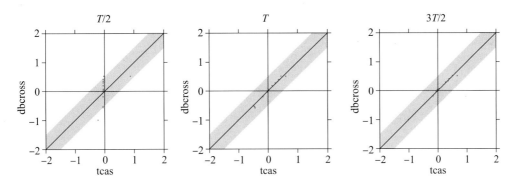

图 3.8　eq1 在不同时窗下利用波形相关的两种方法拾取的地震走时残差对比图

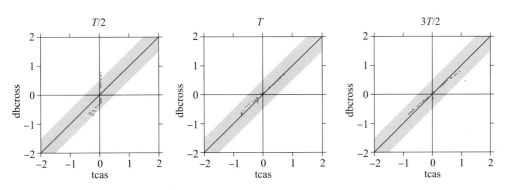

图 3.9　eq2 在不同时窗下利用波形相关的两种方法拾取的地震走时残差对比图

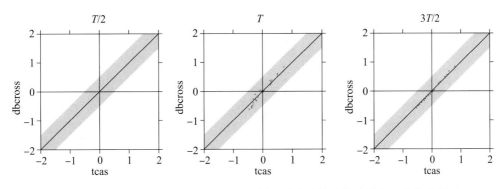

图 3.10　eq3 在不同时窗下利用波形相关的两种方法拾取的地震走时残差对比图

3.2.2　不同期数据反演结果

在地震走时层析成像的研究中，可获得的观测数据是地震波的走时。对于不同研究者根据当时收集的资料，在不同范围拾取数据进而开展层析成像反演研究。数据拾取范围不同往往意味着拾取数据的参考系不同，而参考系不同会给拾取数据带来怎样的影响，进而影响层析成像的反演结果，需要进行对比分析。利用在华北克拉通范围内（2010—2014 年）时期的数据和华北台阵（2006—2009 年）的不同时期的数据，对华北克拉通（2010—2014 年）时期的数据和加入华北台阵（2006—2009 年）的联合数据分别将进行层析成像反演。以下称华北克拉通（2010—2014 年）时期的数据和华北台阵（2006—2009 年）的联合数据成为 A 数据；华北克拉通（2010—2014 年）时期的数据为 B 数据。通过对 A 数据和 B 数据的反演，获得该区域的上地幔速度结构模型。对比两个速度模型的差异，从而对比分析不同期数据的反演结果的差异。图 3.11 为 A 数据和 B 数据的台站分布。

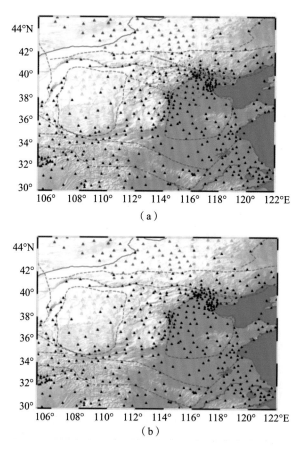

图 3.11　A 数据和 B 数据中地震台站分布图

（a）A 数据中地震台站分布；（b）B 数据中地震台站分布

图 3.12 展示了 A 数据和 B 数据 6 个深度层位上的分辨率检测结果。在检测板测试中，首先在模型格点处输入相间的 ±2% 的速度扰动，然后计算合成走时数据，再对该数据进行反演。可以看出，虽然 A 数据和 B 数据两者都有较好的分辨率，但是 B 数据在局部分辨率上明显不如 A 数据。

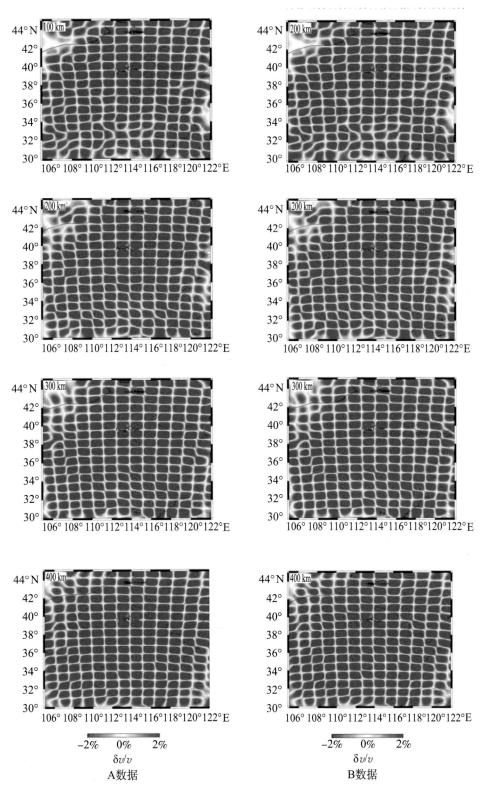

图 3.12　A 数据和 B 数据的检测板测试

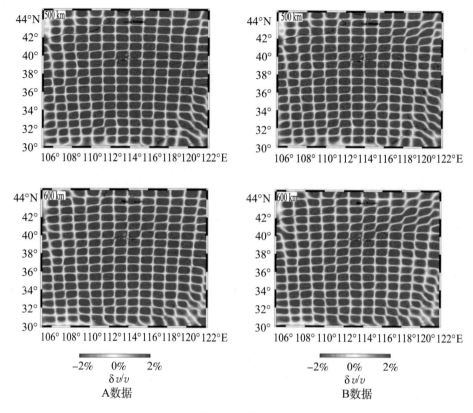

图 3.12（续图）

对比 A 数据和 B 数据的"折衷曲线"，A 数据和 B 数据在数据方差和模型方差有所差异，通过图 3.13 中所示的 trade-off 曲线，选取 damp＝30 作为最终反演计算的阻尼系数。

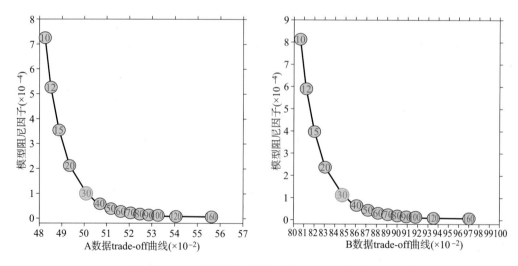

图 3.13　A 数据和 B 数据反演阻尼因子的选取

图 3.14 和图 3.15 是分别为 A 数据和 B 数据，采用阻尼因子值为 damp＝30 进行反演相对走时残差的统计结果。通过图 3.14 和图 3.15 的对比，反演前走时残差大部分集中于－1.0～1.0s 之间，反演后残差分布向中间收敛，绝大部分集中于－0.8～0.8s 之间，分布形态基本符合正态分布的特征，表明速度模型基本能拟合观测到的相对走时残差，反演结果是收敛的。A 数据和 B 数据具有较一致的收敛性。

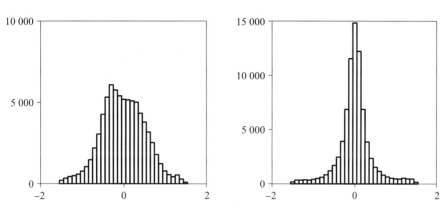

图 3.14　A 数据方位角均衡前数据残差统计反演前（左图）、
反演后（右图）远震数据走时残差对比

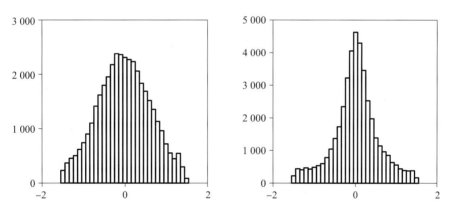

图 3.15　B 数据方位角均衡前数据残差统计反演前（左图）、
反演后（右图）远震数据走时残差对比

图 3.16 给出了 100～600 km 不同深度范围内 P 波速度异常分布图，图中相对于初始速度模型的速度扰动值用颜色表示（其中红色代表低速，蓝色代表高速），色标列于水平切片图的下方。其中，左图为 A 数据反演结果，右图为 B 数据反演结果，图中黑色圆点代表华北台阵位置。两个数据反演结果相对比可以看出，两者在速度异常等大的构造上没有明显的差别，但是在局部细节上有细微的差别。图 3.17 为 A 数据与 B 数据反演速度相减得到的速度差异分布图，图中表明差值都没有超过 0.5%，总体看，对反演结果未见明显差异。

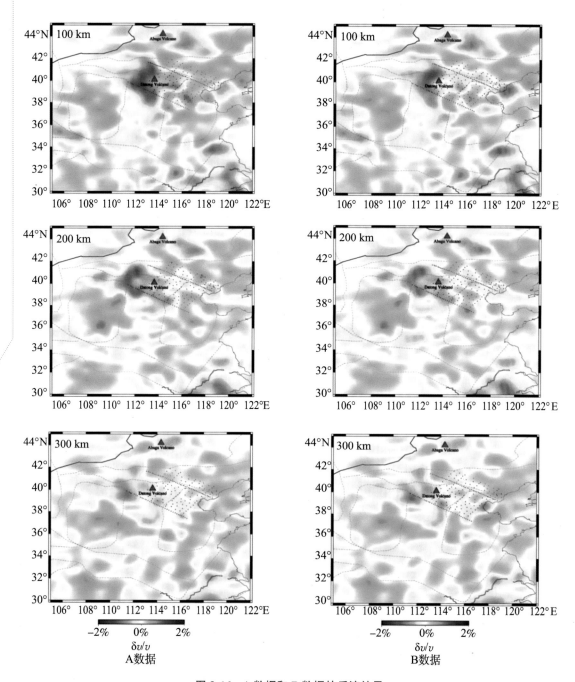

图 3.16　A 数据和 B 数据的反演结果

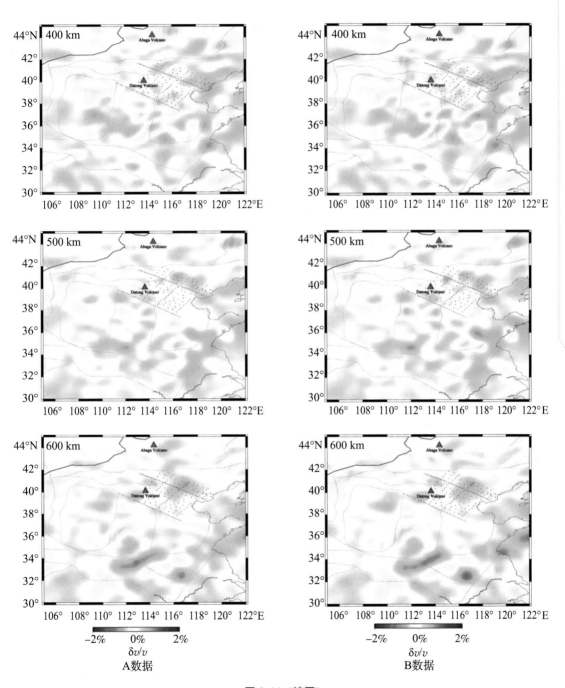

图 3.16（续图）

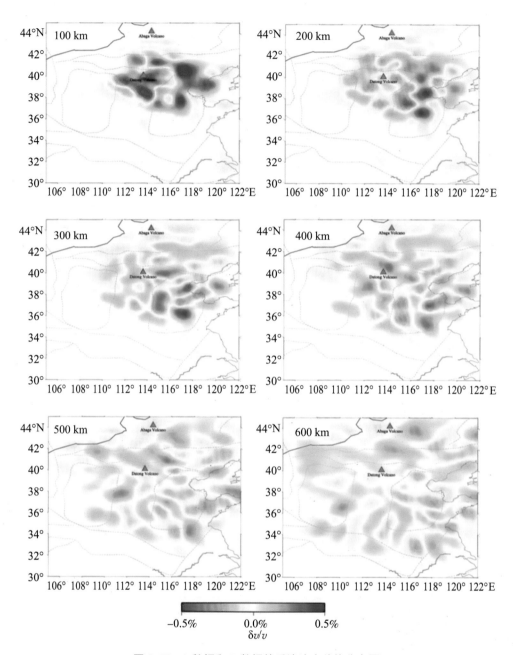

图 3.17　A 数据和 B 数据的反演速度差值分布图

3.2.3　远震方位角均衡

地震层析成像中，地震射线的覆盖或交叉情况直接影响着反演模型的恢复效果。地震射线走时层析成像中，射线覆盖和射线交叉对反演结果的影响较大。对于远震层析成像，地震事件的射线分布是分布不均匀的，归因于受世界两大地震带——环太平洋地震带与欧亚地震带的影响，如图 3.18。

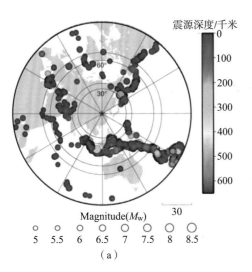
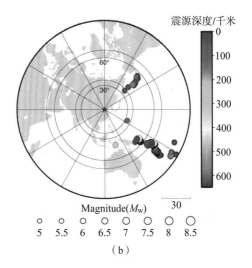

（a）

（b）

图 3.18 　均衡前（a）后（b）地震事件分布

通过方位角均衡地震射线有 93416 条减至 70849 条，地震事件有 965 个减至 837 个，减少 128 个地震事件，如图 3.18（b），即减少的地震震中主要位于千岛群岛和南太平洋的地震，对应于方位角为 45°和 135°，见图 3.19（a）。

通过统计方位角分布如图 3.18（a），可以看到方位角在 120°～180°的射线最为集中。在均衡前，地震方位角严重不均衡，以 135°尤为明显。依据方位角分布，对走时数据进行了均衡处理，均衡后的数据按方位角分布如图 3.19（b）。

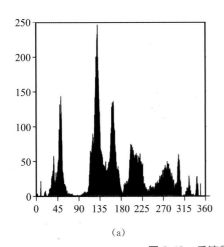
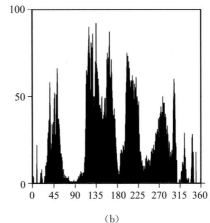

（a）

（b）

图 3.19 　反演数据方位角统计

（a）方位角均衡前；（b）方位角均衡后

图 3.20 展示了 6 个深度层位上的分辨率检测结果。在检测板测试中，首先在模型格点处输入相间的±2%的速度扰动，然后计算合成走时数据，再对该数据进行反演。可以看出，方位角均衡前后两者都有较好的分辨率，在此次反演中，均衡方位角对检测板分辨率未见明显影响。

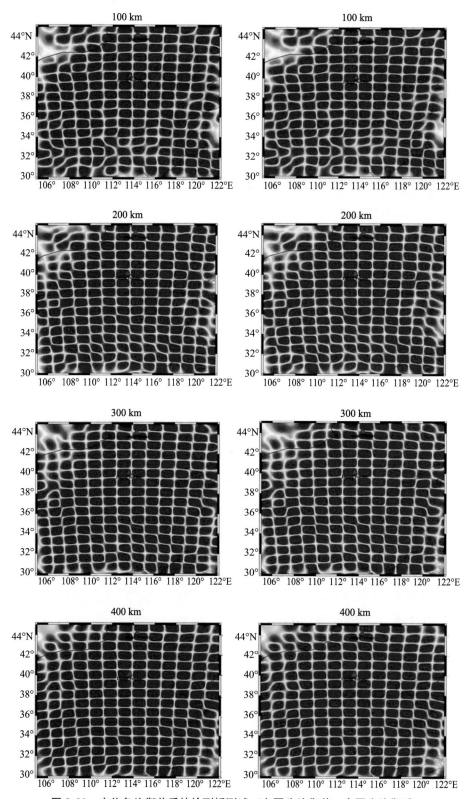

图 3.20　方位角均衡前后的检测板测试（左图为均衡前，右图为均衡后）

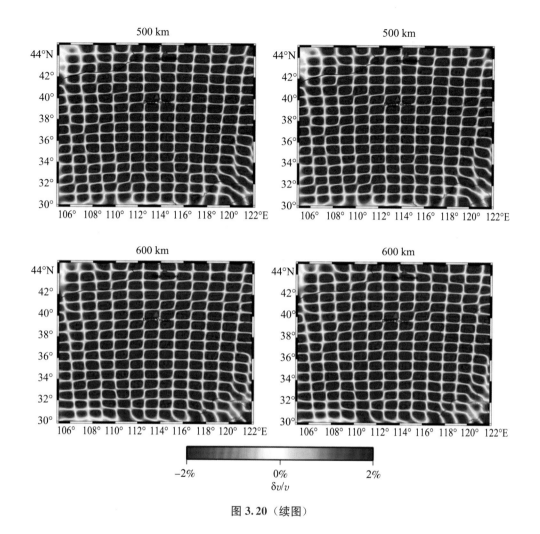

图 3.20（续图）

在地震层析成像反演过程中，阻尼系数过大，会使得最终结果走时残差偏高；若阻尼系数偏小，走时残差减少，但是模型会变得粗糙，速度异常值出现尖锐变化。对比数据均衡前后的"折衷曲线"，虽然数据方差和模型方差在均衡前后有所差异，但是确定的阻尼因子是相同的，通过图 3.21 中所示的 trade-off 曲线，选取 damp＝30 作为最终反演计算的阻尼系数。

图 3.22 和图 3.23 是数据方位角均衡前后，采用阻尼因子值为 damp＝30 进行反演相对走时残差的统计结果。通过对比发现，反演前走时残差大部分集中于－1.0～1.0 s 之间，反演后残差分布向中间收敛，绝大部分集中于－0.8～0.8 s 之间，分布形态基本符合正态分布的特征，表明速度模型基本能拟合观测到的相对走时残差，反演结果是收敛的。方位角均衡前后的反演结果都体现了较好的收敛性。

图 3.24 给出了 100～600 km 不同深度范围内 P 波速度异常分布图，图中相对于初始速度模型的速度扰动值用颜色表示（其中红色代表低速，蓝色代表高速），色标列于水平切片图的下方。其中，左图为方位角均衡前反演结果，右图为方位角均衡后反演结果。具体分析反演结果表明：在 100～200 km 深度水平切片上，均衡前后未见明显变化。

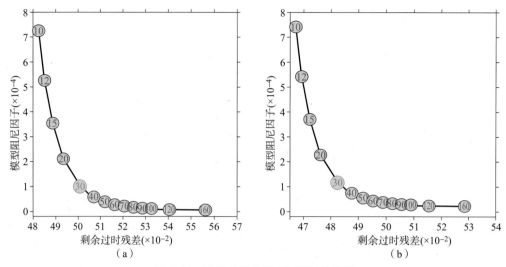

图 3.21　数据均衡前后阻尼因子的选取

（a）均衡前；（b）均衡后

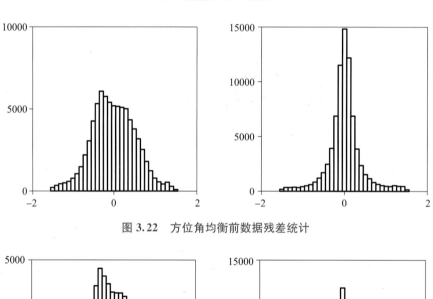

图 3.22　方位角均衡前数据残差统计

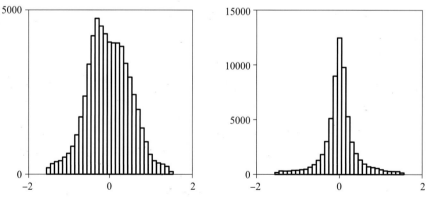

图 3.23　方位角均衡后数据残差统计

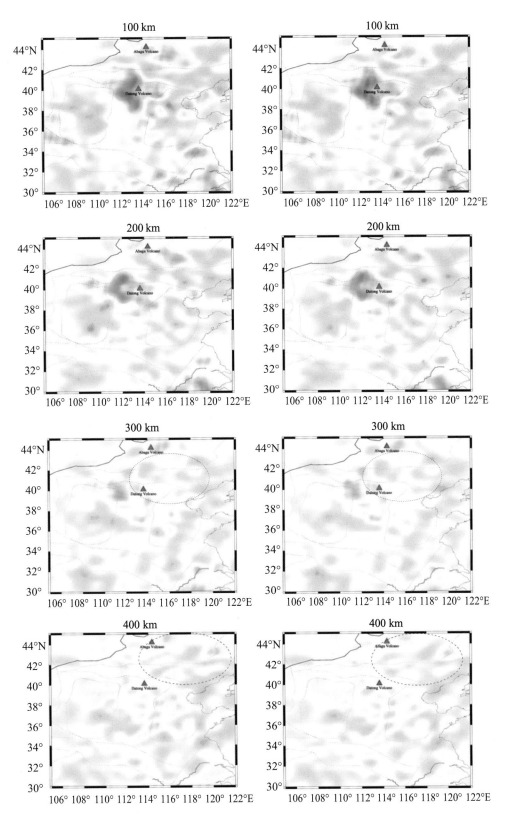

图 3.24　方位角均衡前后的反演结果（左图为均衡前，右图为均衡后）

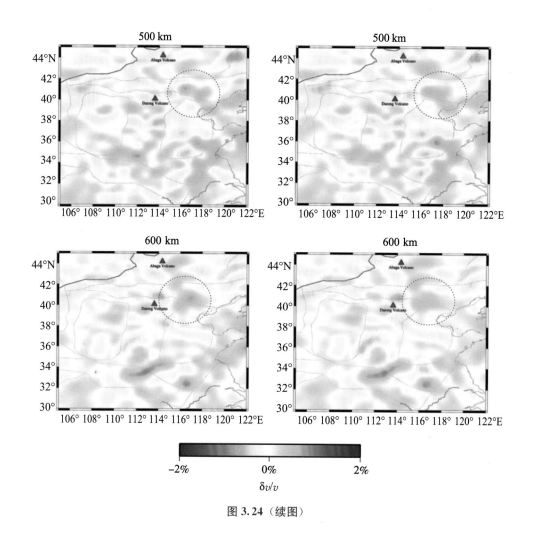

图 3.24（续图）

在 300~600 km 深度水平切片上，均衡前后局部可见较明显变化，比如图中黑色虚线椭圆内，局部细节发生一定变化。分析原因表明，方位角均衡对于层析成像反演深部具有一定的影响，而对浅部影响不明显，这与地震射线在越接近地表垂直入射越明显有关。在 500~600 km 深度上，黑色虚线椭圆内，均衡前的高速异常在方位角均衡后整体表现更平滑，这是由于方位角均衡前，不同方位的射线覆盖和交叉不同造成的反演结果，具体到 500~600 km 深度上的高速异常不同部位反演效果不一致；而在方位角均衡后，高速异常能得到一定程度的平滑。同样在深度 300~400 km 的水平切片上，也能看到均衡方位角的平滑效果。因此，在地震射线覆盖较好的情况下进行方位角均衡，可改善射线交叉分布情况，从而在一定程度上改善深部反演结果。图 3.25 为方位角均衡前后反演速度差值分布图，从中可看出获得反演速度差值没有超过 0.5%，总体看均衡方位角对反演结果未见明显影响。

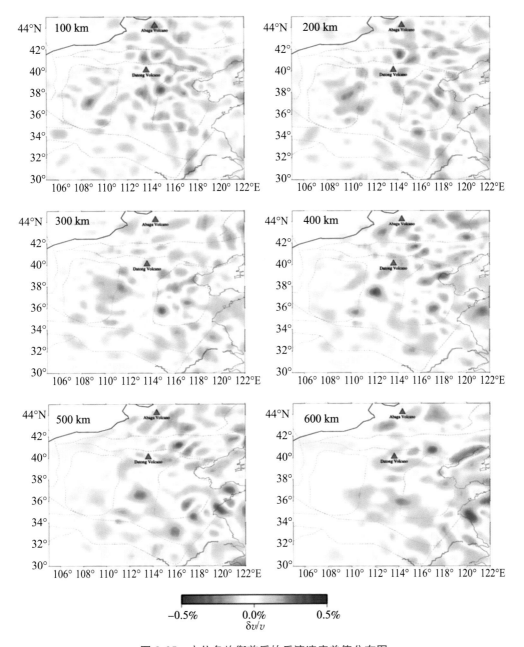

图 3.25　方位角均衡前后的反演速度差值分布图

　　综上所述，在远震层析成像中，均衡方位角可以在一定程度上消除南太平洋和千岛群岛地震过多所造成的地震射线交叉不均衡的问题。对比本次研究看出，在相同研究区，均衡方位角对反演过程中阻尼因子选取、数据反演收敛性和检测板没有产生明显影响，对反演结果的深度不同而有不同程度的影响。在地震射线覆盖较好的情况下进行方位角均衡，可改善射线交叉分布情况，从而在一定程度上改善深部反演结果，但是总体看均衡前后的差异较小。

采用有限频走时层析成像方法反演青藏高原东南缘不同深度上（50～450 km）的三维 P 波速度结构（图 3.26），结果清晰地显示了青藏高原东南缘壳幔结构和物性存在明显的横向不均匀性和分区特征。在 50 km 深度处，川滇菱形块体和松潘—甘孜块体在下地壳深度处低速异常较为明显，而研究区东部的四川盆地以高速异常为主要特征，见图 3.26（a），除此之外，攀枝花及周边也存在局部高速异常圈闭特征；在 100 km 深度处，图 3.26（b）显示显著的高速异常依然位于扬子克拉通西北部的四川盆地下方，川滇菱形块体的北部和松潘—甘孜块体仍以低速异常为主，北东向的龙门山断裂带依然是高低速异常的分界线，反演结果也表明了龙门山断裂带两侧的介质物性参数存在着较大的差异，小江断裂带东部存在明显的低速异常，腾冲火山区附近也存在显著的低速异常；上地幔 150 km 处的结构图像显示了松潘—甘孜块体和川滇菱形块体的北部均显示大范围的低速异常特征，扬子克拉通大部分区域则表现为高速异常特征，而腾冲下方则表现为更为显著的低速异常特征，见图 3.26（c），并且该深度处腾冲地区壳幔低速异常在以往的地震体波成像研究中也有发现（Li et al.，2008；Lei et al.，2009；Wang et al.，2010；Yang et al.，2014）；200 km 和 250 km 深度的上地幔图像显示青藏高原东南部区域（攀枝花局部地区除外）仍存在低速异常分布，川滇菱形块体和松潘—甘孜块体低速异常依旧明显，见图 3.26（d）（e），值得注意的是，在 26°N 以南的扬子克拉通西南缘 250 km 深度范围内 P 波低速异常依旧较为明显，与其北部分布的 P 波高速异常形成鲜明对比；随着反演深度的增加，在 300 km 深度以及更深处，高速异常分布范围扩展至扬子克拉通的大部分区域，其中，位于扬子克拉通西北部的四川盆地高速异常向下延伸至 350 km 的深度，见图 3.26（f）（g），这反映了四川盆地具有厚、硬的克拉通岩石圈根；研究区西南部的腾冲火山区下方低速异常可延伸至 400 km 深度，见图 3.26（h）（i），该低速异常可能是腾冲火山形成的热源。

除了速度结构水平切片图之外，还分别沿着不同经纬度方向切了 10 个垂向速度剖面（图 3.27）。其中，23°N 的垂向剖面自西向东跨越了红河断裂带，进入扬子克拉通地块，从图 3.27（a）中可以看出，红河断裂带下方 200 km 深度范围内存在低速异常，剖面西侧存在一条东向俯冲的高速异常带，且该高波异常在地幔转换带深度范围内东向延伸至小江断裂带附近。在沿 25°N 的垂直剖面上（图 3.27（b）），研究结果显示腾冲火山区 400 km 深度范围内均存在明显的低速异常，剖面还表明由东向西，低速异常从深到浅的变化表现得十分明显，其下方存在明显的高速异常，表现为自西向东逐步加深。而且，在上地幔 150～200 km 深度范围还显示了有大范围的低速区存在于红河断裂带与小江断裂带南段的下方。沿 31°N 的垂向剖面图 3.27（e）揭示了四川盆地下方的高速异常体表现为西部薄、东部厚的特征，松潘—甘孜地块下部的低速异常随着深度向东倾斜至

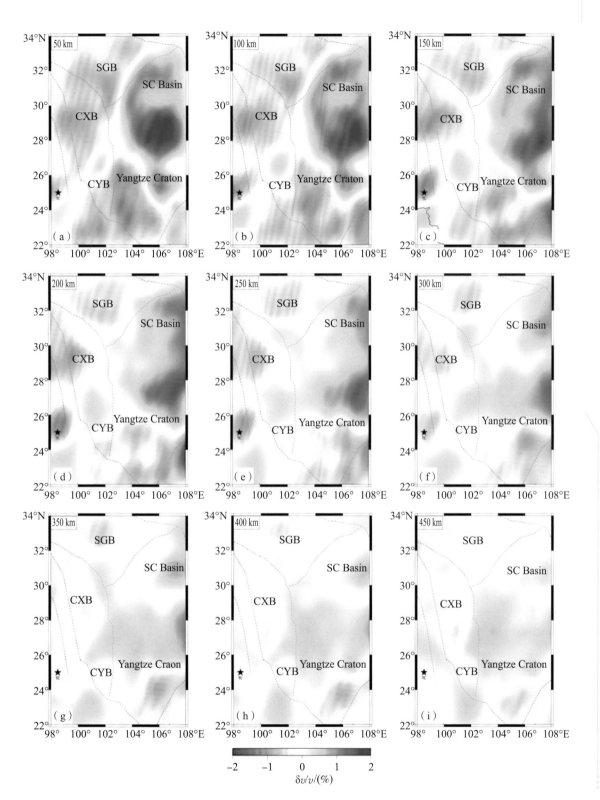

图 3.26 反演结果速度结果结构水平切片图

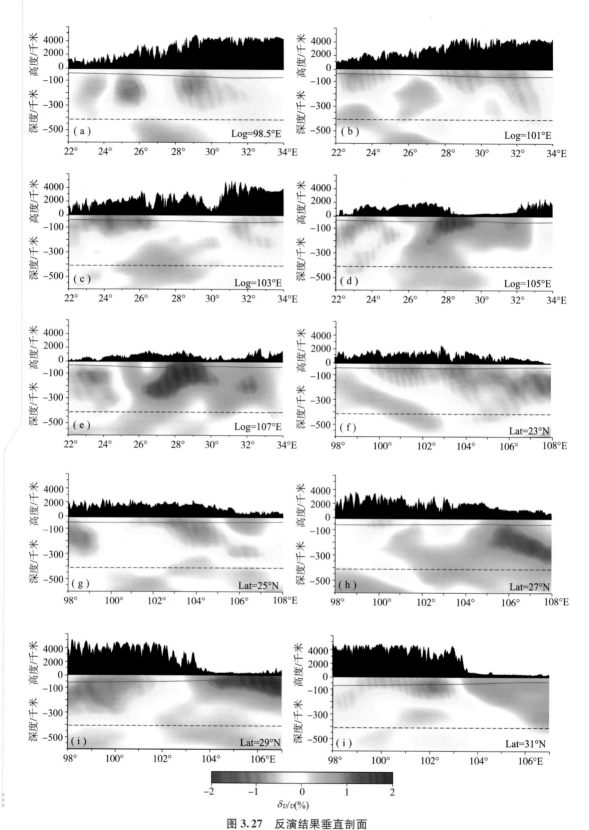

图 3.27　反演结果垂直剖面

各个图的上部分是沿着剖面的地势变化，下部分是波速异常结果

四川盆地下部。101°E 剖面图揭示了上地幔 200 km 及更深范围内存在明显的低速异常分布，表明了松潘—甘孜地块的壳幔较为软弱，且该低速异常向上一直连通至松潘—甘孜地块的下地壳，见图 3.27（g）。105°E 垂向速度剖面图显示了在 26°N 以南的扬子克拉通西南地区呈现出显著低速异常分布特征，107°E 的垂向速度剖面图显示四川盆地南部及以南地区，在 25.5°～28°N 之间，由北向南高速异常体从浅部可一直延伸至上地幔过渡带顶部附近，高速异常体的南侧存在较明显的低速异常体分布，见图 3.27（j）。

第 4 章

重磁异常数据处理

研究与地震孕育和发生过程密切相关的地壳结构背景和孕震构造的深部特征以及块体内部的介质特性，需要提取到壳内不同深度处的重磁异常信息。因此，针对青藏高原东南缘强震区或特定潜在发震构造，开展多方法、多层次的位场数据处理和异常特征提取研究，实现分解出的重磁异常特征能够反映震区深部结构和孕震背景以及发震断裂的深部物性特征显得尤为重要。

重磁数据的位场分离和异常提取方法在传统意义上可归类为两种，一种是目前重磁数据处理中普遍采用的"二分"形式，主要是以划分区域场和局部场为出发点；另一种是为了突出某些异常信息为主的场的转换法。以上方法均存在一个不可避免的缺陷，那就是这些方法大多是对位场进行"二分"、定性的异常分解，在不同分解过程中，导致异常信息有可能相互渗透，从而在分解、转换和解译过程中都会存在"伪异常"的信息（Boschetti F.et al.，2001；Mads J.M.et al.，2007；李大虎等，2014）。

本章主要研究内容是实现了重磁数据的有效位场分离和三维反演计算，特别是在实现航磁数据频率域内化极、延拓以及重力三维视密度反演解译等方面做了较多的研究工作，提取和分离到了不同深度的位场信息，为系统地分析强震区的深部孕震环境、介质物性分布特征与强震活动性之间的关系提供了可靠的深部地球物理依据。其中，向上延拓其主要作用是突出区域性构造和深部构造的重磁异常特征；航磁化极主要是消除中低纬度斜磁化的影响，强化其异常表现特征；滤波则可消除浅表高频干扰，分离出深浅不同的场源异常；重力三维视密度反演可获得不同深度层密度的横向变化信息。

4.1 重力异常反演

通过对重力异常的反演，可以求取地壳密度结构或密度分布。目前，重力反演主要分为两大类，一类是界面反演，该类方法一般假设地层的密度分布已知，通过观测重力异常与理论计算重力异常之间的拟合，确定某个地层界面的深度；另一类是物性反演，将地下进行网格化剖分，划分为许多矩形单元，每个矩形单位的密度值为一个常数，反演时通过不断修改各个单元的密度值，使得观测的重力异常与理论计算重力异常的残差在允许的范围内，不断迭代获得地球内部不同深度尺的密度分布。本节介绍徐世浙教授（2009）提出了基于位场分离和延拓的三维视密度反演方法，主要包含以下内容。

4.1.1 切割法分离

根据重力勘探原理可知，地面所观测到的重力异常通常反映的是地球内部不同尺度、不同深度和不同密度的场源体重力异常的综合效应，为了达到对地球内部介质的密度特性进行反演和解释的目的，必须寻求一种位场分离方法，使其能够从重力异常数据中有效地分离出不同规模场源体所产生的异常场，进而研究地球内部的密度结构、区域构造特征和介质物性等诸多地质地球物理问题。

传统意义上的位场分离方法，如滑动平均、趋势分析和解析延拓等，都不能有效地分离出不同深度的区域场和局部场。因此，我们先采用程方道等人首先提出的切割法切割半径 r 得到的局部场（程方道等，1987；文百红等，1990），随后，再采用徐世浙提出并发展的层切割技术，对地面重力场进行不同深度层源的切割分离，即用两个切割半径获得某一层源在地面产生的重力异常（徐世浙等，2006）。该方法的要点是对位场曲面上的局部凸起进行多次切割，达到对区域场和局部场进行分离的目的。其步骤如下：

第一步，令

$$G_0(x, y) = G(x, y) \tag{4.1}$$

式中 $G(x, y)$ 是地面重力场，它是由区域场 $R(x, y)$ 和局部场 $L(x, y)$ 叠加组成：

$$G(x, y) = R(x, y) + L(x, y) \tag{4.2}$$

式中 $L(x, y)$ 或者 $R(x, y)$ 待求。

第二步，求剩余场的算子 A_1 作用于 $G_0(x, y)$，得到剩余场：

$$S(x, y) = A_1(G_0(x, y)) \tag{4.3}$$

第三步，根据剩余场 $S(x, y)$ 确定切除量 $S_1(x, y)$，$S(x, y)$ 通常有正负之分。

假定局部场为正，则在 $S(x, y) \leqslant 0$ 处以及无局部场处均不切割，取切除量：

$$S_1(x, y) = \begin{cases} S(x, y), & S(x, y) > 0, \text{ 且 } (x, y) \in D_d \\ 0, & S(x, y) > 0, \text{ 且 } (x, y) \notin D_d \\ 0, & S(x, y) \leqslant 0 \end{cases} \tag{4.4}$$

式中 D_d 表示局部场影响区域，$S_1(x, y)$ 则相当于非线性算子 A_2 作用于 $S(x, y)$ 的结果，即：

$$S_1(x, y) = A_2(S(x, y)) = A_2 A_1(G_0(x, y)) = A(G(x, y)) \tag{4.5}$$

式中 $A = A_2 A_1$ 为非线性算子，称 A 为切割算子。

第四步，计算切除量最大值 $\max S_1(x, y)$ 和切割后的近似区域场：

$$G_1(x, y) = G_0(x, y) - S_1(x, y) \tag{4.6}$$

为了进行下一步的切割，需改变 $G_0(x, y)$ 的数值，使：

$$G_0(x, y) = G_1(x, y) \tag{4.7}$$

第五步，若 $\max S_1(x, y)$ 小于预先给定的误差限 E，或切割次数达到预先给定的最大切割次数 N_m，则进行下一步的计算，否则返回第二步。

第六步，计算区域场 $R(x, y)$ 及局部场 $L(x, y)$。

经上述多次切割的近似区域场 $G_0(x, y)$ 作为区域场 $R(x, y)$，多次切割剩余场为重力场 $G(x, y)$ 与 $G_0(x, y)$ 的差值，将它作为局部场 $L(x, y)$，得到：

$$R(x, y) = G_0(x, y) \tag{4.8}$$

$$L(x, y) = G(x, y) - G_0(x, y) \tag{4.9}$$

4.1.2　迭代法延拓

位场数据处理中的向下延拓，其延拓的深度有限，通常只能达到 3～5 倍的点距

（Pawlowski，1995；Fedi M.et al.，2002；Cooper G.，2004）。为此，我们又采用了由徐世浙院士等人提出的位场大深度向下延拓的迭代法（徐世浙，2007；Xu et al.，2007），基于该方法的向下延拓比简单的 FFT 算法稳定得多。

其方法原理如下：

平面 Γ_A 与 Γ_B 之间是无源空间（图 4.1），用 $u(x, y, 0)$ 代表 Γ_A 平面（$z=0$）的位，$u(x, y, 0)$ 的傅里叶变换为 $U(kx, ky, 0)=F[u(x, y, 0)]$，其中 kx 和 ky 分别为 x、y 方向的波数。

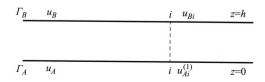

图 4.1　观测面 Γ_B 与延拓面 Γ_A 的位置

Γ_B 平面（$z=h$）上的位表示为：

$$u(x, y, h)=F^{-1}\left[\mathrm{e}^{-\sqrt{k_x^2+k_y^2}h}U(k_x, k_y, 0)\right] \qquad (4.10)$$

上式即为 FFT 的延拓公式，式中的 F^{-1} 表示傅里叶反变换。

设 Γ_B 平面的位 u_B 是已知值，而 Γ_A 平面的位 u_A 为待求值，Γ_A 和 Γ_B 之间无场源存在，基于迭代法的向下延拓步骤简述如下（徐世浙，2006）：

（1）将 Γ_B 平面上的位 u_B，垂直置于在 Γ_A 平面的对应点上，当作 u_A 的初值；

（2）由 u_A 的初始值，用式（4.10）计算 Γ_B 平面上的位，或采用其他空间域的方法计算；

（3）先求解 Γ_B 平面上的原始值与计算值之间的差值，再对 Γ_A 平面上的 u_A 作相应的校正；

（4）如此反复迭代，直到观测平面上的实测值与计算值之间的差值小到可以忽略不计，这一过程通常需迭代 20～50 次。

4.1.3　反演视密度特征

完成了切割法分离和迭代法延拓，根据地面上实测的重力数据，处理得到地下不同深度层顶面的重力异常，接着就可反演出不同深度层的视密度分布特征。三维视密度反演方法已在不同地区的重力资料处理和解译工作中均取得了很好的效果。其具体做法是，先将该层分割为多个有限延伸的大小相同的垂直小棱柱体，由于已将该深度层产生的重力异常向下延拓到该层顶面，所以可近似地认为该层面每一点的重力异常值仅由这个点所在的那个小棱柱体所产生，而周围其他小棱柱体在该点产生的重力场可以近似忽略不计。这样，再在频率域中采用傅里叶反变换，就可以反演得到各个棱柱体的视密度分布，也就得到该深度层的视密度分布，即达到了根据不同深度层的重力场进行视密度反演的目的（杨金玉等，2008；徐世浙等，2007，2009）。

方法步骤如下：设地下某个深度层的厚度为 h，将该层分割为许多个有限延伸、且大小相同的垂直小棱柱体，假设小棱柱体的密度为 σ_j，长、宽分别为 a、b、厚度为 h，深度层面的重力为 $g(u, v)$，则在频率域中有：

$$g(u, v) = 2\pi G \frac{4}{uv} \sin\left(\frac{au}{2}\right) \sin\left(\frac{bv}{2}\right) \frac{1 - \mathrm{e}^{-hr}}{r} \sum_{j=1}^{MN} \sigma_j \mathrm{e}^{-\mathrm{i}(ux_{0j} + vy_{0j})} \tag{4.11}$$

式中 $g(u, v)$ 表示 $g(x, y)$ 的频谱，u、v 分别为 x、y 方向的波数，G 为万有引力常数，$r = \sqrt{u^2 + v^2}$，x_{0j}、y_{0j} 为各个棱柱体的中心坐标。由于已将该深度层所产生的重力异常向下延拓至该层的顶面，所以可近似地认为该层面上每一点的重力异常值仅由这个点所在的那个小棱柱体产生，而周围其他小棱柱体在该点产生的重力场可以近似地忽略。因此，根据公式

$$\sigma_j = F^{-1} \frac{g(u, v)}{2\pi G \frac{4}{uv} \sin\left(\frac{au}{2}\right) \sin\left(\frac{bv}{2}\right) \frac{1 - \mathrm{e}^{-hr}}{r}} \tag{4.12}$$

就可以反演出各个棱柱体的视密度，进而得到该深度层的视密度分布，式中的 F^{-1} 表示傅里叶反变换。

4.2 航磁异常特征提取

4.2.1 航磁 ΔT 化极

航磁异常 ΔT 数据反映的是不同深度磁性场源体（构造）综合叠加效应，而航磁数据的化极处理转换也就是对 ΔT 数据进行处理，以便消除地磁场倾斜磁化对航磁异常所造成的影响和干扰，提取出不同深度的航磁异常信息，为系统地分析青藏高原东南缘强震区的深部孕震环境、介质磁性分布特征与强震活动特征之间的关系提供了可靠的深部地球物理场依据。

航磁资料数据的化极处理与转换，一般来说可划分为空间域和频率域。频率域内的航磁化极均是建立在泊松公式的基础之上，将航磁 ΔT 化到地磁极一般包含了两个过程，第一个过程是将航磁异常 ΔT 转换成 ΔZ，第二个过程是将 ΔZ 转换成垂直磁化的 $\Delta Z_\perp$。

频率域内泊松公式为：

$$S_Z(f) = \begin{cases} \dfrac{2\pi f M}{G\delta}(\mathrm{i}\alpha_1 + \gamma_1)S_{VZ}(f) \\[2mm] \dfrac{M}{G\delta}(\alpha_1 - \mathrm{i}\gamma_1)S_{VXZ}(f) \\[2mm] \dfrac{M}{G\delta}(\mathrm{i}\alpha_1 + \gamma_1)S_{VZZ}(f) \end{cases} \tag{4.13}$$

$$S_H(f) = \begin{cases} \dfrac{2\pi fM}{G\delta}(i\gamma_1 - \alpha_1)S_{VZ}(f) \\[2mm] \dfrac{M}{G\delta}(\gamma_1 + i\alpha_1)S_{VXZ}(f) \\[2mm] \dfrac{M}{G\delta}(i\gamma_1 - \alpha_1)S_{VZZ}(f) \end{cases} \tag{4.14}$$

式中：$S_Z(f)$、$S_H(f)$ 分别表示 ΔZ、ΔH 分量的频谱；$S_{VZ}(f)$、$S_{VXZ}(f)$ 和 $S_{VZZ}(f)$ 分别表示引力位的一、二阶导数 V_Z、V_{XZ}、V_{ZZ} 的频谱；α_1、γ_1 表示磁化强度矢量 M 的方向余弦；G 表示地磁体的引力常数，δ 表示地磁体的剩余密度。

第一步，ΔT 转换成 ΔZ 属于分量间的转换过程：

$$S_H(f) = iS_Z(f) \tag{4.15}$$

式中 $i = e^{i\frac{\pi}{2}}$，则（4.15）可以表示为

$$S_H(f) = e^{i\frac{\pi}{2}}S_Z(f) \tag{4.16}$$

式（4.15）、式（4.16）表示，水平分量的频谱 $S_H(f)$ 可以表示为垂直分量 ΔZ 的频谱 $e^{2\pi fz}S_Z(f)$ 与 i 的乘积。$S_H(f)$ 与 $S_Z(f)$ 的相位差为 $\dfrac{\pi}{2}$。

由式（4.13）和式（4.14）可以得到磁异常 ΔT 与 ΔZ、ΔH 之间的关系式：

$$\Delta T = \Delta H\cos\alpha + \Delta Z\cos\gamma = \alpha_0\Delta H + \gamma_0\Delta Z \tag{4.17}$$

式中，$\alpha_0 = \cos\alpha$、$\gamma_0 = \cos\gamma$。

将式（4.15）和式（4.17）变换成：

$$S_{\Delta Z}(f) = \alpha_0 S_H(f) + \gamma_0 S_Z(f) = (i\alpha_0 + \gamma_0) \times S_Z(f) \tag{4.18}$$

即：

$$S_Z(f) = \frac{1}{i\alpha_0 + \gamma_0}S_{\Delta T}(f) \tag{4.19}$$

式（4.19）表示，垂直分量 ΔZ 的频谱 $S_Z(f)$ 等于磁异常 ΔT 频谱 $S_{\Delta T}(f)$ 与分量转换因子 $\dfrac{1}{i\alpha_0 + \gamma_0}$ 的乘积。

第二步，将 ΔZ 转换成垂直磁化的 $\Delta Z_\perp$，此过程属于磁化方向的转换。

令式（4.13）、式（4.14）中 $\alpha_1 = 0$、$\gamma_1 = 1$，即可得到垂直磁化时 $\Delta Z_\perp$ 频谱 $S_{Z\perp}(f)$ 与 $S_{VZ}(f)$ 的关系：

$$S_{Z\perp}(f) = \frac{2\pi fM}{G\delta}S_{VZ}(f) \tag{4.20}$$

对比式（4.13）、（4.14）和式（4.20）可得：

$$S_Z(f) = (i\alpha_1 + \gamma_1)S_{Z\perp}(f)$$

或

$$S_{Z\perp}(f) = \frac{1}{(i\alpha_1 + \gamma_1)}S_Z(f) \tag{4.21}$$

式（4.21）表示，垂直磁化 $\Delta Z_\perp$ 的频谱 $S_{Z\perp}(f)$ 等于斜磁化的频谱 $S_Z(f)$ 与方向转换因子 $\dfrac{1}{(i\alpha_1 + \gamma_1)}$ 的乘积，α_1、γ_1 为原磁化方向的方向余弦。

若 θ 为剖面内的有效磁化倾角，则有：$\alpha_1 = \cos\theta$，$\gamma_1 = \cos\theta$，根据简化公式：

$$\frac{1}{(i\alpha_1 + \gamma_1)} = \frac{1}{i\cos\theta + \sin\theta}$$

$$= -i\cos\theta + \sin\theta \tag{4.22}$$

$$= -i\sin\left(\frac{\pi}{2} - \theta\right) + \cos\left(\frac{\pi}{2} - \theta\right)$$

根据尤拉公式可得：

$$e^{-i\varphi} = \cos\varphi - i\sin\varphi \tag{4.23}$$

进而得到：

$$\frac{1}{(i\alpha_1 + \gamma_1)} = e^{-i\left(\frac{\pi}{2} - \theta\right)} \tag{4.24}$$

将其带入式（4.21）中，可得：

$$S_{Z\perp}(f) = e^{-i\left(\frac{\pi}{2} - \theta\right)} S_Z(f) \tag{4.25}$$

式（4.25）表明，垂直磁化时 $\Delta Z_\perp$ 的频谱 $S_{Z\perp}(f)$ 等于斜磁化 ΔZ 的频谱 $S_Z(f)$ 与方向转换因子做乘积：

$$e^{-i\left(\frac{\pi}{2} - \theta\right)} \left[\text{或} \frac{1}{(i\alpha_1 + \gamma_1)}\right] \tag{4.26}$$

ΔZ 的频谱的实部和虚部分别为 R_{e0} 和 I_{m0}，$\Delta Z_\perp$ 的频谱的实部和虚部分别为 R_{e1} 和 I_{m1}，它们之间的关系可用下式表示：

$$R_{e1} = R_{e0}\sin\theta + I_{m0}\cos\theta \tag{4.27}$$

$$I_{m1} = i(I_{m0}\sin\theta - R_{e0}\sin\theta) \tag{4.28}$$

也就是说，按照式（4.28）将原 ΔZ 频谱的实部和虚部乘以 $\sin\theta$ 和 $\cos\theta$，便可以得到新的频谱 R_{e1} 和 I_{m1}，再采用傅里叶反变换，求得垂直磁化时的 $\Delta Z_\perp$ 异常。

4.2.2 正则化滤波

正则化滤波归属于低通滤波的范畴，它具有理想的低通滤波特性和较强的适应能力，可用来实现航磁异常区域场和局部场的位场分离。

设空间域的一维实测数据 $G = R + L$，在频率域的离散复傅里叶系数表示成 $G^* = R^* + L^*$，其波数为 $u = \frac{m}{\lambda_x}$，其中 λ_x 是基波的波长，m 是频率域波数的编号。

由于 G^* 与 R^* 是离散的复数值，即：

$$\rho_{l_2}(G^*, R^*) = \left\{\sum_m^M |G^* - R^*|^2\right\}^{\frac{1}{2}} = \delta \tag{4.29}$$

式中的 M 为总数，表示对 M 个离散傅里叶系数求和，l_2 为两者之间的偏差，而 G 与 R 之间的偏差，一般采用的连续函数空间 C 中的度量，即：

$$\rho_c(G, R) = \max|G - R| \tag{4.30}$$

此计算过程的不稳定性表示，$\rho_{l_2}(G^*, R^*) = \delta$ 很小时，$\rho_c(G, R) = \max|G - R| =$

$\max \sum\limits_{m}^{M} |(G^* - R^*)\, \mathrm{e}^{\mathrm{i}2\pi\mu x}|$ 也可能会很大，所以就不能直接令 $R \approx \sum\limits_{m}^{M} G^*\, \mathrm{e}^{\mathrm{i}2\pi\mu x}$，需构建一个低通滤波算子 f_a^m，该算子称之为正则化稳定因子，它通过压制 $|G^* - R^*|$ 来减弱对 $|G - R|$ 的影响。即：

$$R_0 = \sum_{m}^{M} (G^* \cdot f_a^m) \cdot \mathrm{e}^{\mathrm{i}2\pi\mu x} \tag{4.31}$$

接下来还要确定 R_0^* 和 f_a^m 的方程式。

$$F[R_0^*] = \sum_{m}^{M} |R_0^* - G^*|^2 \tag{4.32}$$

上式表明 R^* 是 R_0^* 与 G^* 偏差的一种估计，当 $R_0^* = G^*$ 时，$F = 0$。如果希望 $F[R_0^*] \leqslant \delta^2$，满足此条件的 R_0^* 可以有无穷多个。为了确定 R_0^* 的解并对其加以约束，还需设置一个泛函数：

$$\Omega[R_0^*] = \sum_{m}^{M} |R_0^*|^2 \xi_m \tag{4.33}$$

式中，ξ_m 是一个一维正值序列，当 $m \rightarrow \infty$ 时，其增长阶次不低于 $|m|^{2+\varepsilon}$，$\varepsilon \geqslant 0$，ξ_m 称之为稳定正值序列；Ω 是 $|R_0^*|$ 的二次泛函，有唯一的最小解 $R_0^* = 0$，其唯一最小值也为 0。如果要想求解 R_0^*，当 $F \leqslant \delta^2$ 时，Ω 取最小值。从而将其转化成求解约束极小值的问题。使 $F = \delta^2$ 时，可以推导出 R_0^*。将上述两式合并得到：

$$N[R_0^*] = \alpha \cdot \Omega[R_0^*] + F[R_0^*] = \sum_{m}^{M} (|R_0^* - G^*|^2 + \alpha \xi_m |R_0^*|^2) \tag{4.34}$$

在限定 $F = \delta^2$ 时，上式中的极小函数与 Ω 的极小函数完全相同。$N[R_0^*]$ 称为展开泛函，其中 α 称之为正则参数，它是由 δ^2 来决定的，进而得到确定 R_0^* 的联立方程组：

$$\begin{cases} N[R_0^*]'R_0^* = 0 \\ F[R_0^*] = \delta^2 \end{cases} \tag{4.35}$$

求解该方程组，确定 R_0^* 和 f_a^m：

$$R_0^* = G^* \cdot f_a^m$$

$$f_a^m = \frac{1}{(1 + \alpha \xi_m)} \tag{4.36}$$

由于上式中的参数 α 未知，接下来还需要求解 α。

$$G^* - R^* = \begin{cases} G_0, & |\mu| \geqslant \mu_0 \\ 0, & |\mu| < \mu_0 \end{cases} \tag{4.37}$$

$$\delta^2 = \sum_{m}^{M} |G^* - R^*|^2 \tag{4.38}$$

选定稳定正值序列 ξ_m 为：

$$\xi_m = e^{\beta(|\mu| - \mu_0)\lambda_x} \tag{4.39}$$

式中的 μ_0 是为了消除局部异常信号的最小波数，近似等于其最大水平尺寸的倒数 λ_0^{-1}，$\beta \geqslant 2$，可以看出，上式满足稳定正则序列的要求。

下面将 ξ_m 和 f_a^m 代入 $\begin{cases} N[R_0^*]'R_0^* = 0 \\ F[R_0^*] = \delta^2 \end{cases}$ 可以得到：

$$\varphi(\alpha) = \sum_{m}^{M} \frac{\left[\alpha \cdot e^{\beta(|\mu|-\mu_0)\lambda_x}\right]^2}{\left[1 + \alpha \cdot e^{\beta(|\mu|-\mu_0)\lambda_x}\right]^2} \mid G^* \mid^2 = \delta^2 \qquad (4.40)$$

进一步推导出：

$$\varphi(0) = 0 = \min\varphi(\alpha)$$

$$\varphi\infty = \sum_{m}^{M} \mid G^* \mid^2 = \max\varphi(\alpha)$$

$$\varphi'(\alpha) = \sum_{m}^{M} \frac{2\alpha \cdot e^{2\beta(|\mu|-\mu_0)\lambda_x}}{\left[1 + \alpha \cdot e^{\beta(|\mu|-\mu_0)\lambda_x}\right]^3} \mid G^* \mid^2 > 0 \qquad (4.41)$$

由于 $\varphi(\alpha)$ 是 α 的单调递增函数，$\varphi(0) < \varphi(\alpha) = \delta^2 < \varphi(\infty)$，故可以求得唯一解 α。因此，正则化稳定因子 f_a^m 的具体形式为：

$$f_a^m = \frac{1}{(1 + \alpha e^{\beta(|\mu|-\mu_0)\lambda_x})} \qquad (4.42)$$

若实测数据是二维的，其波数 $\mu = \dfrac{m}{\lambda_x}$，$v = \dfrac{n}{\lambda_y}$，$f = \sqrt{\mu^2 + v^2}$，其中 λ_x 和 λ_y 为基波的波长。

$$f_a^{mn} = \frac{1}{(1 + \alpha e^{\beta(f-f_0)\lambda_{xy}})} \qquad (4.43)$$

式中 $\beta \geqslant 2$，f_a^{mn} 是二维正则化的稳定因子，f_0 是为了消除局部异常信号的最小波数，近似等于其最大水平尺寸的倒数 λ_0^{-1}，对收集到的实测航磁异常完成从空间域到频率域的转换工作，这一转换通过快速傅里叶变换来实现。快速傅氏变换（FFT）是离散傅氏变换（DFT）的快速算法，其矩阵形式如下：

$$\begin{bmatrix} X(0) \\ X(1) \\ \vdots \\ X(N-1) \end{bmatrix} = \begin{bmatrix} W_N^0 & W_N^0 & W_N^0 & \cdots & W_N^0 \\ W_N^0 & W_N^{1\times1} & W_N^{2\times1} & \cdots & W_N^{(n-1)\times1} \\ \vdots & \vdots & \vdots & \cdots & \vdots \\ W_N^0 & W_N^{1\times(N-1)} & W_N^{2\times(N-1)} & \cdots & W_N^{(n-1)\times(N-1)} \end{bmatrix} \cdot \begin{bmatrix} x(0) \\ x(1) \\ \vdots \\ x(n-1) \end{bmatrix} \qquad (4.44)$$

$$\begin{bmatrix} X(0) \\ X(1) \\ \vdots \\ X(N-1) \end{bmatrix} = W_N^{nk} \cdot \begin{bmatrix} x(0) \\ x(1) \\ \vdots \\ x(n-1) \end{bmatrix} \qquad (4.45)$$

W_N^{nk} 为变换矩阵，其所含的元素具有对称性和周期性，即：

$$W_N^0 = 1, \quad W_N^{\frac{N}{2}} = -1, \quad W_N^r = W_N^{N+r}, \quad W_N^{\frac{N}{2}+r} = -W_N^r$$

以 $N=4$ 为例，将变换矩阵简化如下：

$$\begin{bmatrix} W_4^0 & W_4^0 & W_4^0 & W_4^0 \\ W_4^0 & W_4^1 & W_4^2 & W_4^3 \\ W_4^0 & W_4^2 & W_4^4 & W_4^4 \\ W_4^0 & W_4^3 & W_4^6 & W_4^9 \end{bmatrix} = \begin{bmatrix} 1 & 1 & 1 & 1 \\ 1 & W_4^1 & -1 & -W_4^1 \\ 1 & -1 & 1 & -1 \\ 1 & -W_4^1 & -1 & W_4^1 \end{bmatrix} \qquad (4.46)$$

由于变换矩阵元素具备对称性和周期性的特点，利用这一特点完成变换矩阵中许多元素相同的转换。N 点离散傅氏变换的复数乘法计算量由 N^2 次降为 $(N/2)\log_2 N$，复

数加法计算量由 $N(N-1)$ 次降为 $N\log_2 N$ 次。

以 $N=4$ 的离散傅里叶变换（DFT）为例，其矩阵形式可表示如下：

$$\begin{bmatrix} X(0) \\ X(1) \\ X(2) \\ X(3) \end{bmatrix} = \begin{bmatrix} 1 & 1 & 1 & 1 \\ 1 & W_4^1 & -1 & -W_4^1 \\ 1 & -1 & 1 & -1 \\ 1 & -W_4^1 & -1 & W_4^1 \end{bmatrix} \cdot \begin{bmatrix} x(0) \\ x(1) \\ x(2) \\ x(3) \end{bmatrix} \tag{4.47}$$

将该矩阵的第二列和第三列交换后得到下式：

$$\begin{bmatrix} X(0) \\ X(1) \\ X(2) \\ X(3) \end{bmatrix} = \begin{bmatrix} 1 & 1 & 1 & 1 \\ 1 & -1 & W_4^1 & -W_4^1 \\ 1 & 1 & -1 & -1 \\ 1 & -1 & -W_4^1 & W_4^1 \end{bmatrix} \cdot \begin{bmatrix} x(0) \\ x(2) \\ x(1) \\ x(3) \end{bmatrix} \tag{4.48}$$

进一步得出：

$$\begin{cases} X(0) = [x(0) + x(2)] + [x(1) + x(3)] \\ X(1) = [x(0) - x(2)] + [x(1) - x(3)]W_4^1 \\ X(2) = [x(0) + x(2)] - [x(1) + x(3)] \\ X(3) = [x(0) - x(2)] - [x(1) - x(3)]W_4^1 \end{cases} \tag{4.49}$$

根据上式的结果可以看出，由 DFT 转变成 FFT 可用公式表示如下：

$$\begin{aligned} X(k) &= \sum_{n=0}^{N-1} x(n)W_N^{nk} = \sum_{n\text{为偶数}} x(n)W_N^{nk} + \sum_{n\text{为奇数}} x(n)W_N^{nk} \\ &= \sum_{l=0}^{\frac{N}{2}-1} g(l)W_N^{lk} + \sum_{l=0}^{\frac{N}{2}-1} h(l)W_N^{(2l+1)k} \end{aligned} \tag{4.50}$$

式中 $g(l)$ 是由 $x(n)$ 的偶数项、$h(l)$ 是由 $x(n)$ 的奇数项组成。由于 $W_N^{2lk} = W_{N/2}^{lk}$，所以：

$$\begin{aligned} X(k) &= \sum_{l=0}^{\frac{N}{2}-1} g(l)W_{N/2}^{lk} + W_N^k \sum_{l=0}^{\frac{N}{2}-1} h(l)W_{N/2}^{lk} \\ &= G(k) + H(k) \end{aligned} \tag{4.51}$$

式中 $G(k)$ 是 $g(l)$ 的 N/2 点 DFT，$H(k)$ 是 $h(l)$ 的 N/2 点 DFT。

对于 $G(k)$ 和 $H(k)$，还可以按照前式继续分解下去，直到 2 点的 DFT，其流程如图 4.2 所示，这就是 FFT 中的基本运算单元，即蝶形运算。

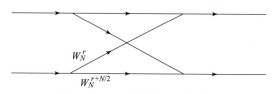

图 4.2　FFT 中的基本运算单元

4.2.3　向上延拓

向上延拓主要目的是压制浅部磁性场源体产生的局部异常或高频干扰信息，突出深部场源体的异常分布形态和量值大小。其处理步骤主要涉及到 Laplace's 方程、Harmonic 函数以及 Dirichlet 问题。

（1）Laplace's 方程。

函数 $u(x, y)$ 为满足下列关系的二元函数，∇ 为拉普拉斯算子，

$$\nabla u = \frac{\partial^2}{\partial x^2} + \frac{\partial^2}{\partial y^2} = 0 \tag{4.52}$$

（2）Dirichlet 问题（第一边值问题）。

$\Delta u = 0$　　（在 Ω 内）

$u/_R = f(M)$　　　（在 Ω 的边界 R 上）

（3）空间向上延拓公式。

对于二度体磁异常，二维拉普拉斯方程 $\dfrac{\partial^2 u}{\partial x^2} + \dfrac{\partial^2 u}{\partial y^2} = 0$ 的基本解为：

$$g(M, M_0) = \frac{1}{2\pi} \ln \frac{1}{\rho_{MM_0}} \tag{4.53}$$

式中：$g(M, M_0)$ 表示拉普拉斯方程的调和解；M_0 表示 $z<0$ 的上半空间中的点（$z=0$ 为水平平面）；M 表示 M_0 点关于 $z=0$ 平面的镜像点，那么 ρ_{MM_0} 为：

$$\rho_{MM_0} = \sqrt{(x-x_0)^2 + (y-y_0)^2} \tag{4.54}$$

适当选取 $G(M, M_0)$，则

$$G(M, M_0)/_{z=0} = \left(\frac{1}{2\pi} \ln \frac{1}{\rho_{MM_0}} + g(M, M_0) \right)_{z=0} = 0 \tag{4.55}$$

由此可得到狄里希莱问题的解为：

$$u(M_0) = -\int f(M) \frac{\partial G}{\partial n} \mathrm{d}s \tag{4.56}$$

在 xoz 平面内上的点，实则一条垂直于 xoz 平面的一条线，分别在 M_0 和 M 两点放置强度为 $\dfrac{1}{2\pi}$ 和 $-\dfrac{1}{2\pi}$ 的电荷，用格林函数可表示为：

$$G(M, M_0) = \frac{1}{2\pi} \left(\ln \frac{1}{\rho_{MM_0}} - \ln \frac{1}{\rho_{MM_1}} \right) \tag{4.57}$$

$$\frac{\partial G}{\partial n} \bigg|_{z=0} = \frac{1}{2\pi} \left[\frac{\partial}{\partial z} \left(\ln \frac{1}{\sqrt{(x-x_0)^2 + (z+z_0)^2}} \right) - \frac{\partial}{\partial z} \left(\ln \frac{1}{\sqrt{(x-x_0)^2 + (z-z_0)^2}} \right) \right]_{z=0}$$

$$= \frac{1}{\pi} \frac{z_0}{(x-x_0)^2 + z_0^2} \tag{4.58}$$

将式（4.58）代入式（4.56）中可得：

$$u(x_0, z_0) = -\frac{Z_0}{\pi} \int_{-\infty}^{\infty} \frac{u(x, 0)}{(x-x_0)^2 + z_0^2} \mathrm{d}x \tag{4.59}$$

将积分变量换为 ξ，则公式变为：

$$u(x, z) = -\frac{Z}{\pi} \int_{-\infty}^{\infty} \frac{u(\xi, 0)}{(\xi-x)^2 + z^2} \mathrm{d}\xi \tag{4.60}$$

采用同样的推导方法，可以获得三度体的位场向上延拓公式：

$$u(x, y, z) = -\frac{Z}{2\pi}\int_{-\infty}^{\infty}\int_{-\infty}^{\infty}\frac{u(\xi, \eta, 0)}{[(\xi-x)^2 + (\eta-y)^2 + z^2]^{3/2}}\mathrm{d}\xi\mathrm{d}\eta \qquad (4.61)$$

$$T(x, y, z) = -\frac{Z}{2\pi}\int_{-\infty}^{\infty}\int_{-\infty}^{\infty}\frac{T(\xi, \eta, 0)}{[(\xi-x)^2 + (\eta-y)^2 + z^2]^{3/2}}\mathrm{d}\xi\mathrm{d}\eta \qquad (4.62)$$

由 Dirichlet 问题（第一边值问题）得到向上延拓（$z<0$ 的上半空间）公式为：

$$T(x, z) = \frac{-z}{\pi}\int_{-\infty}^{\infty}\frac{T(\xi, 0)}{(x-\xi)^2 + z^2}\mathrm{d}\xi(z < 0) \qquad (4.63)$$

根据褶积定理可知，上式中的 $T(\xi, 0)$ 与 $\frac{-z}{\pi(x^2 + z^2)}$ 关于变量 x 的一维褶积，空间域的褶积和频率域的乘积相互对应，再分别求 $T(x, 0)$ 与 $\frac{-z}{\pi(x^2 + z^2)}$ 的傅氏变换，设 $T(x, z)$ 的傅氏变换为 $S_T(f, z)$，利用傅氏变换可得：

$$S_T(f, z) = \int_{-\infty}^{\infty}T(x, z)\mathrm{e}^{-2\pi t f z}\mathrm{d}x \qquad (4.64)$$

当 $z=0$ 时，有：

$$S_T(f, 0) = \int_{-\infty}^{\infty}T(x, 0)\mathrm{e}^{-2\pi t f z}\mathrm{d}x \qquad (4.65)$$

利用上式可以由已知的 $T(x, 0)$ 求出其频谱 $S_T(f, 0)$。

对于 $\frac{-z}{\pi(x^2 + z^2)}$ 的傅氏变换，应用积分变换

$$\int_{-\infty}^{\infty}\frac{-z}{\pi(x^2 + z^2)}\mathrm{e}^{-2\pi f x}\mathrm{d}x = \mathrm{e}^{|2\pi f|\cdot z} \quad (z \leqslant 0) \qquad (4.66)$$

并应用褶积定理可得到：

$$S_T(f, z) = S_T(f, 0)\mathrm{e}^{2\pi t f x} \quad (z \leqslant 0) \qquad (4.67)$$

向上延拓到高度为 z 的 ΔT 分量（或 ΔZ 等分量）的频谱等于原观测平面 ΔT（或 ΔZ 等分量）的频谱 $S_T(f, 0)$ 乘以上延因子 $\mathrm{e}^{2\pi f z}$。$T(x, z)$ 是 $S_T(f, z)$ 的反傅氏变换，即：$T(x, z) = \int_{-\infty}^{\infty}S_T(f, 0)\mathrm{e}^{2\pi f z}\mathrm{e}^{2\pi i f x}\mathrm{d}f \qquad (4.68)$

经过化极向上延拓后的航磁异常，在一定程度上消除了浅层高频干扰场源的影响，突出了不同深度的区域磁场特征，实现了磁场的分区分带和研究不同深度区域场的变化情况的目的。

4.3　算例分析

4.3.1　三维视密度反演

青藏高原东南缘地区的布格重力异常总体特征为东高西低（图4.3），以龙门山—锦

屏山—玉龙雪山为界，变化的基本趋势是由东南向西北逐渐降低，从资阳一带重力异常为−80 mGal，到色达以西，下降−540 mGal。依据布格重力的场值大小及等值线的疏密程度，从东到西可划分出重力场特征明显不同的三个区带。即四川盆地重力高异常区带、石棉—西昌—攀枝花—元谋重力渐变带、松潘—甘孜重力低异常区带。其中，四川盆地重力高异常区主要分布在沿资阳、自贡等地，还包括了断陷盆地及部分山区。松潘—甘孜重力低异常区主要是指沿黑水—小金—康定—九龙以西地区，异常等值线以相对低值异常为主，并且愈往西重力异常愈趋负值。西昌—攀枝花—元谋重力渐变带则表现为夹于上述两异常区带之间的近 SN 向异常带。

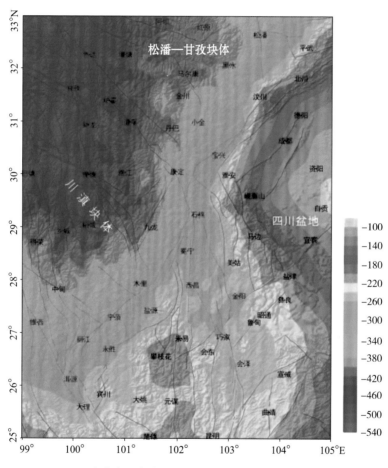

图 4.3　青藏高原东南缘地区布格重力异常（单位：mGal）

　　基于以上各步骤，对青藏高原东南缘的布格重力异常数据进行三维视密度反演，得到 5~50 km 不同深度层的视密度层信息切片图。视密度图切剖面（图 4.4）所揭示的研究区浅部地壳视密度异常具有明显的分区性和方向性，且正、负异常多呈相间排列，连续性较好。研究区西侧的理塘—稻城—中甸表现出负异常带，沿着 NE 向玉农希断裂展布的为康定—九龙串珠状负异常区，由于玉农希断裂作为锦屏山—玉龙雪山构造带的后缘冲断带，构成了贡嘎山断块的西边界，贡嘎山作为一个典型的断块隆起区，低值串珠状圈闭的贡嘎山低视密度异常区在进行均衡调整过程中将促使壳内物质重新分布，影响和制约着鲜水河断裂带南东段的构造变形和地震活动。其中，2014 年 11 月 22 日康定 $M_S6.3$ 地震的震中位置位于贡嘎山强断隆的北界——鲜水河断裂南东段、重力梯度变化带上。位于鲜水河断裂和理塘断裂之间出现的低密度串珠状圈闭特征，是川西面状强隆区内的雅江断隆和贡嘎山强断隆所对应的三级新构造区域范围，雅江断隆为鲜水河断裂的东边界，且第四纪以来一致处于隆升状态，表现为深切割的高中山地貌和丘状高原面。而贡嘎山强烈断块隆起区的东边界为鲜水河断裂南东段，西侧以玉农希断裂为界，玉农希断裂控制了低速区的西边界分布范围，第四纪以来，由于断块边界断裂的强烈差异运动，同时鲜水河断裂在该段的向南偏转，由左旋水平剪切运动在转折部位转化为挤压运动而导致的地貌效应，贡嘎山断块强烈的隆起抬升状态，使其与周围山体具有明显不同的地球物理场特性差异。

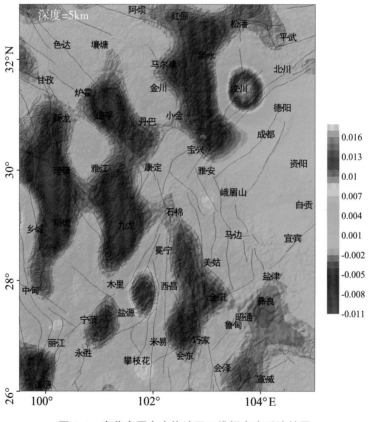

图 4.4 青藏高原东南缘地区三维视密度反演结果

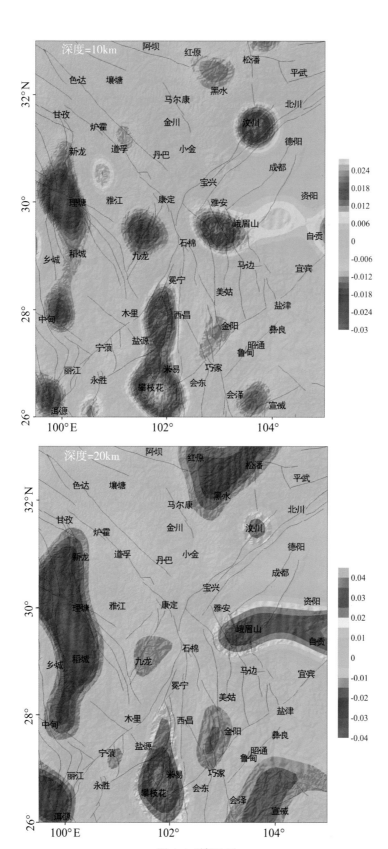

图 4.4（续图 1）

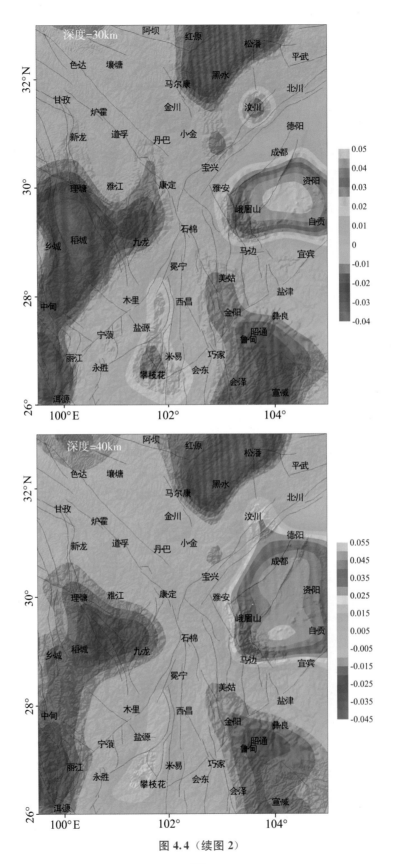

图 4.4（续图 2）

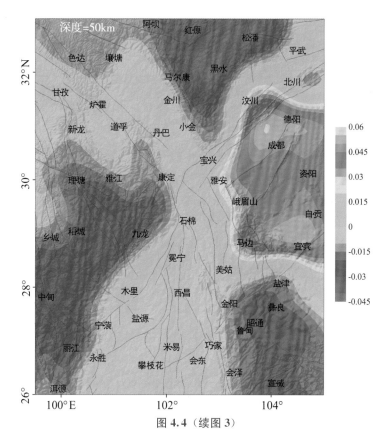

图 4.4（续图 3）

　　沿攀枝花、西昌至石棉，存在一系列梯度变化较大的短轴状圈闭正异常，总体呈南北向串珠状连续排列。锦屏山构造带是划分松潘—甘孜造山带和扬子准地台的一级大地构造分界线，在视密度分布特征上表现出异常梯度带的特征。由于松潘—甘孜块体的地壳浅部分布有巨厚密度低、磁性弱的沉积盖层，所以总体来看，由三维视密度反演图（5～50 km）所揭示出块体在总体低密度的背景特征下，不同区带和断裂段之间的形态也存在较为明显的差异，见图 4.4（续图 1，续图 2）。

　　图 4.4（续图 1）10 km 深度图中，松潘—甘孜地块视深度为 10 km 时视密度异常大多为负值，这种负异常应为松潘—甘孜地块相对上扬子地块巨厚的沉积引起。鲜水河断裂南东段显示出重力梯度快速变化带特征，其中道孚盆地表现为串珠状圈闭的低值异常区，过了康定以南，鲜水河断裂南段的北东侧区域表现相对宽缓些，这一趋势性变化在 20 km 深度的视密度反演图上则更为明显。根据 30 km 深视密度反演结果（图 4.4（续图 2）），在松潘—甘孜地块存在相对的低密度中心带，表明在松潘—甘孜地块在深 30 km 处存在高温（超过居里点）、低速、低密度的塑性层，正是这种塑性层的存在成为松潘—甘孜地块深部动力作用的依据。由图 4.4（续图 2）还可以看出，在深度为 30～50 km 时松潘—甘孜地块出现明显的负异常，尤其是 40 km 以后视密度异常的负值范围更大，该异常的表现与松潘—甘孜地块下地壳增厚密切相关。川滇块体的中上地壳密度表现出明显的横向不均匀特征，下地壳密度则呈现出高低异常相间排列的特征，下地壳底部至上地幔顶部，川滇块体的视密度结构具有很明显的分区特征，川西北次级块体底

部在青藏高原与四川盆地刚性块体相互碰撞作用下，岩石破碎严重表现出了大范围的低密度异常区。相比而言，位于扬子块体西缘的四川盆地的视密度较高，地壳稳定性较好。

4.3.2　视磁化强度反演

在航磁异常处理的基础上，可进一步反演视磁化强度。具体反演步骤是先对原始磁异常数据进行相关预处理（日变校正、正常场及高度校正等），得到磁异常数据，并对原始磁异常数据进行网格化处理；再对磁异常数据进行化极处理，并结合本研究区的地质情况，对化极磁力异常数据进行不同高度向上延拓处理的对比分析，选取合理延拓高度的磁异常作为磁化强度反演计算的基础数据，最后进行磁化强度的反演计算。在对原始磁异常数据进行相关预处理（日变校正、正常场改正以及高度校正）和网格化处理之后，再根据航磁异常 ΔT 化极、滤波和向上延拓原理（李才明等，2004，2013），对青藏高原东南缘强震区的最新航磁数据进行了位场分离和异常特征提取，得到航磁异常展布特征图像（图 4.5～图 4.8）。从图 4.5 中可以看出，近 SN 向展布的攀西构造带，即康滇

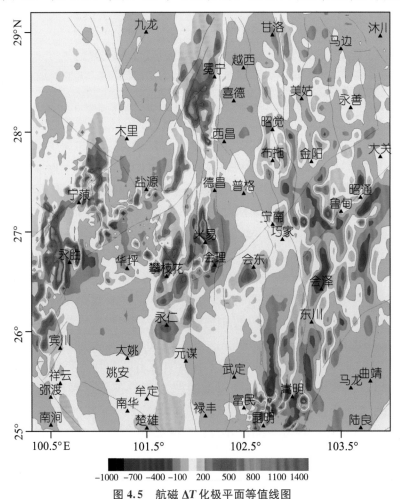

图 4.5　航磁 ΔT 化极平面等值线图

地轴磁性隆起带，在航磁异常图中表现出很明显的磁力高异常特征，与该区域的构造线方向相一致。异常条带大体上沿攀枝花、西昌至石棉，存在一系列梯度变化大的短轴状圈闭正异常，总体呈南北向串珠状连续排列。由于该地区从北向南出露了一系列以早元古界—晚太古界（Pt_1—Ar）的穹隆体为主体的各类岩浆岩体和二叠系玄武岩，因此强磁异常多与这些古老的穹隆体及中、基性岩浆岩和玄武岩有关，并且在 10 km、20 km 化极延拓图上均有很好的航磁区域场响应。

从图 4.5 还可以看出宁蒗—丽江台褶坳陷带岩浆活动强烈且岩广泛分布，多形成于海西期和印支期，尤以海西期岩浆岩发育，构成一套由玄武岩—基性、超基性岩—中酸性侵入岩组成的"暗色杂岩系"，主要分布于金河—箐河断裂的西侧，故表现出强磁性的分布特征。由于持续的推挤作用致使金河—箐河冲断带前缘翘起，在重力作用下其后缘产生横向张裂下陷，形成盐源盆地，所以航磁化极异常中盐源表现为宽缓的低磁异常分布特征，航磁异常与这种特定的地形地貌差异具有很好的对应关系。

除了冕宁—西昌—攀枝花磁性穹隆区外，根据图 4.6 分析还发现了一条展布于凉山块体内部及周缘的磁性隆起带，该磁性带主要表现出正异常分布特征，该带主要分布于昭觉、布拖、巧家、会东等地，地面出露有一系列由震旦纪结晶杂岩，震旦—寒武系组

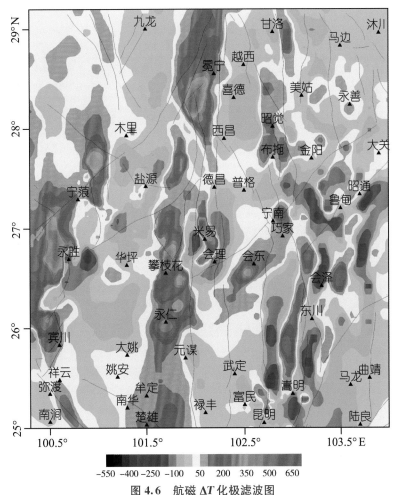

图 4.6　航磁 ΔT 化极滤波图

成的断块，晚古生代辉绿岩及玄武岩，该隆起带是上述断块及中基性火山岩的反映，它们共同组成了康滇二叠—三叠纪地轴的东边界。

从航磁化极向上延拓 10 km 与 20 km 图（图 4.7、图 4.8）上可看出磁异常减小很快，这反映了研究区磁性物质普遍埋深不大，而具有南北走向的冕宁—西昌—攀枝花磁性穹窿区分布范围增大，沿带为前震旦纪结晶杂岩及古生代中基性岩浆岩，正磁异常特征更为明显，这种南北走向的构造格架与前面重力视密度反演结果有很好的对应关系，这种对应关系不但与深部物质运移作用、动力演化有紧密的联系，也体现了深浅部物质的继承性和发展性特点。

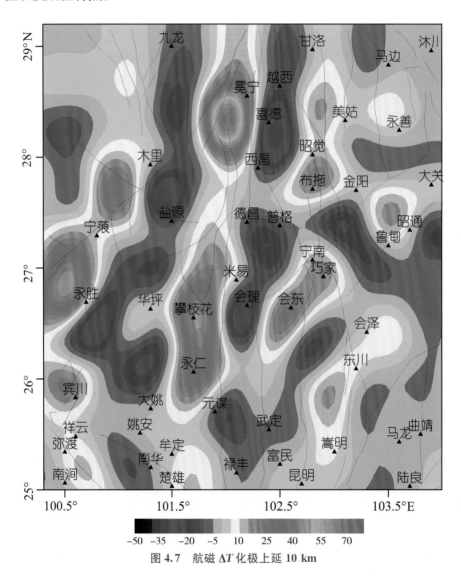

图 4.7　航磁 ΔT 化极上延 10 km

航磁异常展布特征揭示了明显的磁性高值异常带主要分布在雅安—泸定—石棉一带及其东侧和攀西构造带，前者走向 NW，位于四川盆地的西缘，后者走向 SE，位于安宁河断裂附近。这两个高值异常带不仅仅异常幅值高，而且分布范围广，向上延拓后异常特征仍然显著（图 4.7、图 4.8），反映了刚性基底的强磁特性。

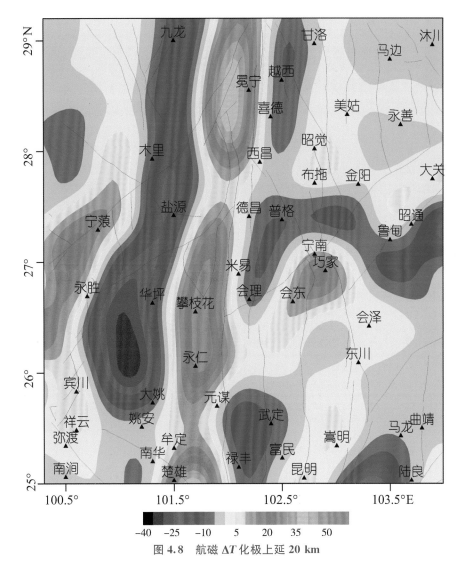

图 4.8 航磁 ΔT 化极上延 20 km

根据青藏高原东南缘三维视密度反演和航磁异常展布特征分析可知，青藏高原地壳增厚导致重力异常，在重力的均衡调整过程中将会引起地壳物质的重新分布或流展，在地壳中产生了水平推挤力（周玖等，1980；Goodacre et al.，1980；Barrows et al.，1981），高原物质向周边地势较低的地区流动。当受到高密度、强磁性的四川盆地西缘、雅安—泸定—石棉一带及其东侧刚性基底的强烈阻挡时，中下地壳塑性流动被迫转向强度较低的大凉山次级块体内部。因此，雅安—泸定—石棉一带刚性基底的存在是造成中下地壳物质塑性流展过程中，由东转向南东—南南东方向的深部制约因素，这与前面章节通过三维 P 波速度结构所揭示的结果相一致，从而说明了青藏高原东南缘重磁异常的展布特征、梯度变化和延拓图像与三维 P 波速度结构在深度和异常分区特征上均具有较好的联系和可比性。

第 **5** 章

青藏高原东南缘强震区的
应用研究

青藏高原东南缘地震活动性强烈，强震频繁发生，区域地震活动具有明显的分区特点并与活动断裂分布有着密切的联系。在鲜水河—安宁河—则木河—小江断裂带及其以西的川滇块体地区，活动断裂多呈北西向和近南北向展布，成带、成丛分布在其上的中、强地震形成了著名的鲜水河—安宁河—则木河—小江强震活动带，带上历史地震频度高、强度大，炉霍、道孚、乾宁、康定、冕宁、西昌、普格等地更是强震多次重复发生的场所。在鲜水河—安宁河—则木河—小江断裂带西侧的川滇块体内部地区，中强地震活动主要分布在盐源—宁蒗弧形构造带、理塘断裂、玉农希断裂、中甸—丽江断裂、程海断裂，其中，巴塘、理塘、九龙、盐源—宁蒗、中甸—丽江、永胜、剑川—洱源、攀枝花等地也是近代地震活动水平较高的地区，区域内的 2 次 7.0～7.9 级强震和十多次的 6.0～6.9 级地震均在这些地区成带、成丛活动。

本章在前面采用多种地球物理观测资料所获取的青藏高原东南缘 P 波三维速度结构、视密度反演结果和航磁数据处理的基础上，从不同物性差异的角度来重点剖析和研究 2013 年 4 月 20 日芦山 7.0 级地震、2014 年 8 月 3 日鲁甸 6.5 级地震、2014 年 11 月 22 日康定 6.3 级地震、2017 年 8 月 8 日九寨沟 7.0 级地震、2019 年 6 月 17 日长宁 6.0 级地震、2021 年 5 月 21 日漾濞 6.4 级地震和木里—盐源强震区的深部构造及孕震环境等问题，揭示区内地震孕育、发生的深部介质环境和地震构造背景、地震活动性之间的关系，为青藏高原东南缘强震区的孕震机理和深部动力学环境的深入研究、判定发震构造、评价该断裂带未来可能的最大发震能力等方面提供可靠的深部地球物理场依据。

5.1 2013 年 4 月 20 日芦山 M_S7.0 地震

5.1.1 区域地震构造环境

2013 年 4 月 20 日 08：02 在龙门山断裂南段发生了四川芦山 M_S7.0 强烈地震（图 5.1），震中位于 30.3°N、103.0°E，震源深度为 17 km。据国内外多个科研机构给出的震源机制解可知，芦山 7.0 级强震是一次发生在青藏高原中东部巴彦喀拉块体东向逃逸东端与华南块体西北端四川盆地强烈挤压碰撞带内部典型的逆断层型地震，震源断层走向 220°，倾角约 35°，断层面上最大滑动量约 1.5m，此次地震造成西南向东北方向发展的破裂带长度约为 20 km，沿断层倾角方向的范围主要在 12～25 km，破裂持续时间达 25 s（UTC，2013；张勇等，2013）。地震发生后，余震不断，其中最大余震为 2013 年 4 月 21 日 17 时 05 分芦山、邛崃交界 5.4 级地震。

由于 2008 年汶川 M_S8.0 地震发生在龙门山构造带中北段，芦山 7.0 级地震恰好发生在汶川 8.0 级地震未引起破裂的龙门山断裂南段，两次地震震中相距 92 km，两次地震的余震密集区相距 50 km（杜方等，2013；易桂喜等，2013），且四川芦山 M_S7.0 地震破裂在震中北东方向不到 20 km 处停止扩展，其余震也在同一位置处停止活动，这些均表明自四川芦山 M_S7.0 地震震中往北东方向的介质性质或者地下结构发生了强烈的变

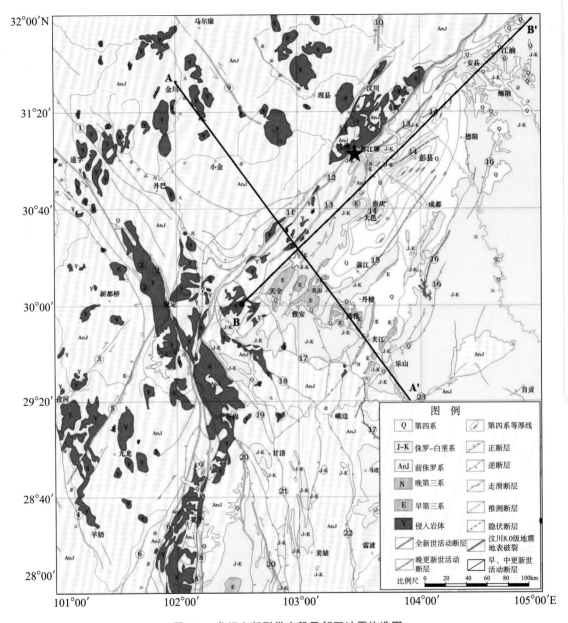

图 5.1 龙门山断裂带南段及邻区地震构造图

（白色星号代表芦山主震，黑色星号代表汶川主震，黑线代表 A—A′剖面和 B—B′剖面）

①玉科断裂；②鲜水河断裂；③合海子断裂；④理塘断裂；⑤玉农希断裂；⑥锦屏山断裂；⑦大渡河断裂；⑧安宁河断裂；⑨抚边河断裂；⑩岷江断裂；⑪茂汶—汶川断裂；⑫北川—映秀断裂；⑬彭县—灌县断裂；⑭龙门山山前断裂；⑮蒲江—新津断裂；⑯龙泉山断裂；⑰荥经—马边—盐津断裂；⑱保新厂—凤仪断裂；⑲金坪断裂；⑳大凉山断裂；㉑甘洛—竹核断裂；㉒峨边—金阳断裂；㉓长山镇断裂；㉔华蓥山断裂；㉕柏树溪断裂

化，破裂扩展受到阻止，因此，该空段内发生强震的危险性以及震源区周边强震孕育的深部构造环境值得进一步关注和研究（赵翠萍等，2013）。对龙门山断裂带西南段四川芦山 $M_S7.0$ 地震震源区的速度结构进行研究，特别是涵盖震源深度范围内中上地壳的精细速度结构，对于认识龙门山断裂带南段的深部孕震环境是非常重要的。

5.1.2　P波速度结构

1) 数据及成像方法

本研究收集了芦山地震震后自 2013 年 4 月 20 日至 2013 年 6 月 23 日期间发生的、被四川数字地震台网和流动地震台站（图 5.2(a)）记录到的 P 波区域地震到时资料，其中 60 个固定地震台站位于四川省境内，流动地震台站是四川省地震局在制定了芦山 7.0 级地震现场监测工作方案并取得了中国地震局监测预报司同意下，由中国地震局地球物理研究所、湖北省地震局、云南地震局、四川省地震局和重庆市地震局等单位共同实施的，共架设完成的 15 个流动测震台站，主要位于龙门山断裂带西南端芦山震源区及周边区域。本研究所用的地震经过了严格的筛选，筛选出震级 1.0～7.0 范围内地震事件共计 2026 次，见图 5.2(b)，86.5％的地震事件集中分布在震源区及其附近，其中 1.0～3.9 级地震 1966 次，4.0～4.9 级地震 52 次，读取的 P 波到时数据的精度为 0.05～0.15 s，每个地震的 P 波到时观测数据不少于 10 个，最后反演中共使用了来自 2026 个事件的 28188 个 P 波到时数据。采用了 Zhao 等提出的走时层析成像方法来反演芦山地震震源区及周边区域三维 P 波速度结构（Zhao et al.，1992、1994、2001），该方法允许速度在三维空间内任意变化，并通过在模型空间中设置一系列的三维网格节点，节点处的速度扰动作为反演中的未知数被求解，而模型中其他任意点的速度扰动可由与之相邻的 8 个节点的速度扰动线性插值得到。为了快速、精确地计算理论走时和地震射线路径，该方法在射线追踪过程中对 Um 和 Thurber（Um J et al.，1987）提出的近似弯曲算法进行了改进，迭代地应用伪弯曲技术和斯奈尔定律进行三维射线跟踪，使之适用于复杂的速度间断面存在的情况，在反演过程中，采用带阻尼因子的 LSQR 方法（Paige et al.，1982）求解大型稀疏的观测方程组，且阻尼满足了模型和数据方差均为最小。

研究区域三维速度模型的地理范围为 28°E～33°E、100°N～105°N，在综合了已有的人工地震测深和布格重力异常反演等成果的基础上（王椿镛等，2002、2003；楼海等，2008），采用了 CRUST2.0 模型（Bassin et al.，2000），根据此模型计算得到研究区内三维网格点位置下的 Conrad 界面和 Moho 界面的深度。研究区的 Conrad 界面的平均深度为 20.8 km，Moho 界面的平均深度为 63.2 km，根据研究目的和地震分布情况，在水平网格点划分为 0.5°×0.5°，深度划分的网格点为 1 km、8 km、12 km、16 km、20 km、24 km。

2) 速度结构特征

由于芦山主震及本研究所用到的多数地震和震后架设的流动台站均集中在龙门山断裂带南段的震源区及其周边，因此我们主要集中讨论龙门山断裂带南段芦山地震震源区的三维速度结构特征。图 5.3 给出了芦山地震震源区及周边区域的 1～24 km 不同深度 P 波速度异常分布图，从图中可以看出，在浅部上地壳深度范围内，P 波速度异常分布特

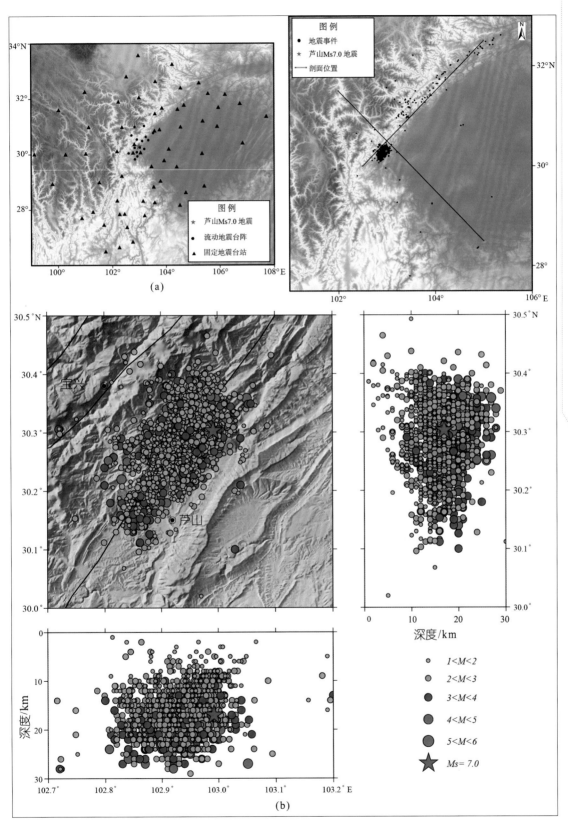

图 5.2　芦山震区的地震台站分布（a）和地震震中分布（b）

征与地表地质构造、地形和岩性密切相关，随着深度从 1 km 到 12 km 的递变，速度异常分布趋势也随着发生改变，龙门山断裂带作为一条高低速异常的分界线逐渐清晰，大致以卧龙和北川附近为界，龙门山构造带的不同段落所呈现出的速度异常分布也存在一定的差异，在 16 km 震源体深度范围附近，龙门山构造带南北段的 P 波异常分布特征表现出不同的差异，位于龙门山断裂带南段的芦山地震震源区及周边表现出了相对高速的异常分布，这种分布趋势到了 20 km 深度层上表现则更为明显，同时岷山块体的低速异常分布特征明显，尤其是位于龙门山断裂带 NW 向的松潘—黑水—马尔康一带在 20 km 的深度图上开始出现大面积的低速异常分布，跨龙门山推覆构造带布设的三条大地电磁（MT）测深剖面的研究成果，也清晰地揭示了龙门山断裂带以西的川青块体在 20 km 深度处出现了高导体的电性结构特征（Zhao et al.，2012），即川青块体上地壳的高阻层下方存在地壳高导层，其顶面埋深约为 20 km，与层析成像的结果相一致。而且随着深度的增加，芦山地震震源区附近的波速变化较为明显，24 km 深度处的芦山地震震源体下方呈现出圈

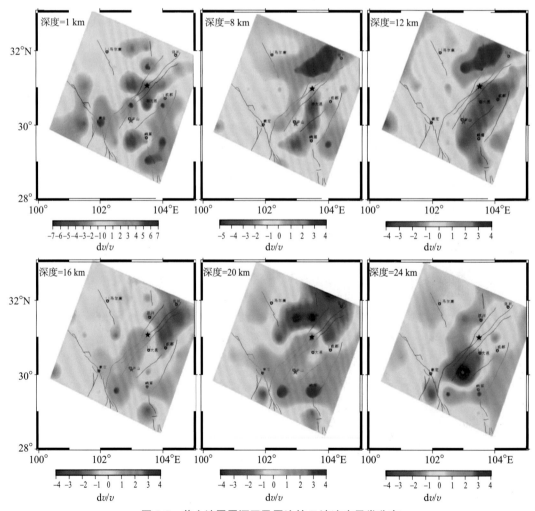

图 5.3 芦山地震震源区及周边的 P 波速度异常分布

图中黑线为区内主要断裂，绿色星号代表芦山主震

闭状低速异常分布，该深度处的速度结构与以往龙门山断裂南段地区的 P 波成像研究成果相比，低速异常趋势更加明显、分布范围也较为集中在震源区及附近，这主要与芦山地震震后在震源区及附近出现的大量的地震事件和密集的射线分布有关。

图 5.4 是穿过四川芦山 $M_S 7.0$ 地震震源区的两条波速异常分布剖面图（剖面位置见图 5.2），发生四川芦山 $M_S 7.0$ 地震震源区所处的龙门山断裂带南段与发生汶川地震的龙门山断裂带的中北段的成像结果在深浅构造环境方面存在一定的差异，四川芦山 $M_S 7.0$ 地震震中处于高低速异常的分界线附近且偏向高速异常体一侧，震源区下方则表现为低速异常分布，见图 5.4（a），这种特有的速度结构特征有利于应力在脆性的上地壳内积累，且龙门山断裂带四川芦山 $M_S 7.0$ 地震与汶川地震的震源体深度范围附近 P 波速度结构表现为高速异常特征，见图 5.4（b），高速坚硬介质的发育更有利于应变能的积累与集中释放（易桂喜等，2011），无论 A—A′剖面还 B—B′剖面均显示出芦山主震发生在高低速异常的分界线附近且偏向高速异常体一侧，而其下方则存在有显著的低速异常体，这正是此次四川芦山 $M_S 7.0$ 地震发生的深部介质条件。

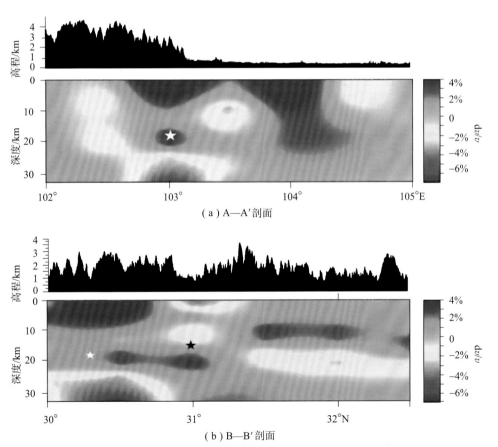

图 5.4　穿过芦山主震震源区的两个相互垂直的 P 波速度剖面示意图

（a）A—A′剖面沿着龙门山断裂带；（b）B—B′剖面垂直于龙门山断裂；

图（a、b）上方的曲线为相应剖面的地形高程；

白色星号代表芦山主震投影，黑色星号代表汶川主震投影

四川芦山 $M_S7.0$ 地震之后,由中国地震局地球物理研究所牵头,实施了芦山"4·20"7.0级强烈地震的科学考察工作,其中跨龙门山断裂带南段震源区的大地电磁测深成果反演得到该地区的地电结构,也发现在四川芦山 $M_S7.0$ 地震震源区周边存在高导异常,因此也从另一方面证实了成像结果的可靠性,据此我们推断在四川芦山 $M_S7.0$ 地震震源体下方的高导体和低速异常可能和流体的存在有关。

5.1.3 视磁化强度反演

以往对龙门山断裂带的重磁异常方面的研究主要在重、磁场的分区特征、地壳厚度分布及变形特征、龙门山及邻区地球物理特征与地震的关系方面的分析探讨,取得了一系列的认识及成果(宋鸿彪等,1991、1994;钟锴等,2005;张季生等,2009)。我们主要关注龙门山断裂带南段地区,采用视磁化强度反演的方法来划分磁性岩层、确定岩体的边界和突出地质构造单元界线,研究基底磁性性质的差异与芦山地震发生之间存在的关系。

我们对航磁数据进行反演得到了5~30 km深度处的视磁化强度反演图(图5.5),其中,在深度5 km处龙门山南段地区表现出与中北段不一样的视磁化强度特征,位于南段的雅安—芦山地区视磁化强度较高,而中北段则表现出相对较低的视磁化强度,成都断陷盆地表现为低磁化强度圈闭,深度10 km处视磁化强度变化趋势较5 km深度更为明显,范围进一步增大,磁化强度却有所增加,从图中可以看出明显的相对高低值串珠状异常带主要分布在龙门山断裂带的两侧,形成明显的磁性分界线,其中以康定低异常区和雅安高异常区尤为明显,对雅安—石棉高值异常带不仅异常值高,而且规模较大、分布范围较广,在20 km深度处异常特征仍存在,反映了龙门山南段基底的航磁特征,从航磁20 km图上还可看出龙门山南段东部的四川盆地显示为椭圆形大范围缓梯度高磁化强度特征,这种镶嵌的磁场特征反映四川盆地基底的刚性断块结构,磁异常梯度平缓、范围很大、强度中等则是深埋于沉积岩之下、发育于前震旦系基底内的中基性火山杂岩的反映。深层视磁化强度图主要反映出深部磁性基底的磁性特征,龙门山断裂带高磁性异常区变化范围截止到四川盆地西缘的马边断裂带,降低的磁场强度背景一方面反映龙门山南段深部物质磁性较弱,如图5.5中反演的30 km深度处视磁化强度的急剧减弱,另一方面根据图示降低的磁场背景范围大,并与地面三叠系分布区吻合,反映出龙门山南段地区上地壳(硅铝层)厚度较大这一特征。

芦山地震震源深度经重新定位后约为17 km左右(赵博等,2013),刚好处于高磁化强度介质范围内,震源位置位于四川盆地西缘雅安磁性穹窿区边界线上。因此,我们认为高原中下地壳物质向东发生塑性流动,龙门山南段雅安—康定—石棉一带刚性基底的存在,是造成该带北线俯冲逆推构造特点及南线下地壳物质流动由东转向南东—南南东方向的深部制约因素,同时,由于壳内块体内部或者块体间基底性质差异的地区往往有利于应力相对集中,脆性地壳中低强度的区域在横向挤压的构造应力场作用下易于破裂,从而有利于芦山地震孕育与发生。

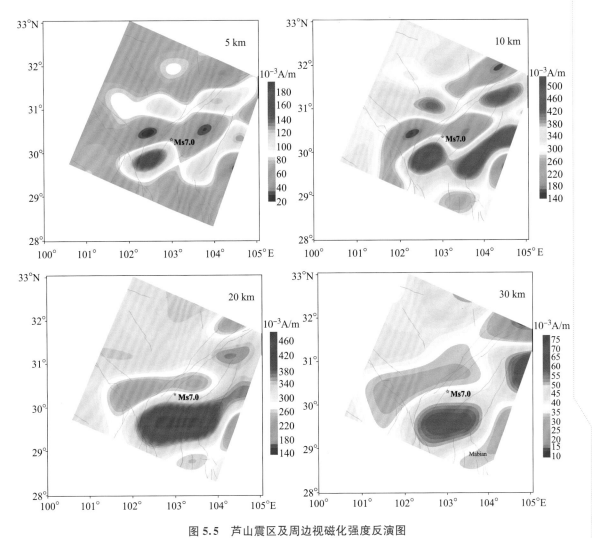

图 5.5　芦山震区及周边视磁化强度反演图

5.1.4　结论与讨论

（1）我们统计了 B.C.26～2012 年 12 月期间龙门山断裂带及邻区破坏性地震（$M \geqslant$ 4.7）震源深度随经度和随纬度的变化，统计结果（图 5.6）表明，青藏高原东南缘龙门山断裂带的优势发震层深度为 10～20 km，为浅源性地震，这与龙门山构造带南段埋深大多在 10～20 km 左右的高速高磁性的脆性介质和 20 公里以下的低速高导层的地球物理场相吻合。龙门山断裂带南段低速层的存在使上地壳如同漂浮在塑性层上，随着青藏高原的地壳增厚和抬升，龙门山断裂带以西的川青块体向南东方向滑移，在龙门山断裂带附近同扬子板块的俯冲构造相碰撞，四川盆地莫霍界面的上隆及扬子地台磁性刚硬基底对川青块体的强烈阻挡，加剧了雅安地区基底磁性岩层的褶皱形变，并形成了强烈的应力积累。而芦山地震震源位于四川盆地西缘雅安磁性穹窿区边界上，高速高磁性坚硬介质的发育有利于应变能的积累与集中释放。

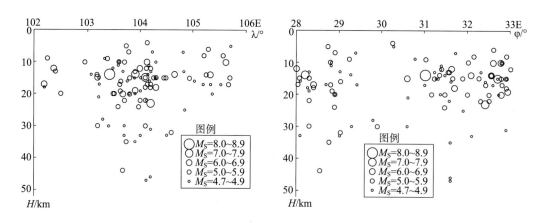

图5.6 龙门山断裂带及邻区历史地震（$M \geqslant 4.7$）分布图

（2）"5·12"汶川地震之后，在国家自然科学基金（41074057）和中国地震局汶川地震科学考察项目资助下开展的跨龙门山推覆构造带南段（宝兴附近）和中段（北川—映秀附近）的大地电磁剖面探测研究结果表明，龙门山断裂带中北段以西的松潘—甘孜块体在上地壳高阻层下方存在地壳高导低阻层，其层顶面埋深约为 20 km，而龙门山断裂带南段芦山地震西侧的地壳低阻层深度即相对坚硬上地壳的厚度约为 10 km，小于汶川地震所在的中段西侧的低阻层顶面深度，且芦山地震震源区的高阻体规模比汶川地震震源区的规模小，芦山地震起始破裂点位于高阻体与东南侧次低阻体的接触边界附近（Zhao et al.，2009；詹艳等，2013）。"4·20"芦山地震之后，由中国地震局地球物理研究所牵头，实施了芦山"4·20"7.0级强烈地震的科学考察工作，根据跨龙门山断裂带南段震源区的大地电磁复测成果反演得到该区的二维深部地电结构。"4·20"芦山震后大地电磁复测资料也表明在芦山地震震源体下方存在低阻高导异常，因此也从另一方面证实了成像结果的可靠性，据此我们推断在芦山地震震源体下方的高导体和低速异常和流体的存在有关。流体的作用导致了中上地壳内部发震层的弱化，使孕震断层易于破裂，对芦山地震起到了触发作用。

近些年来，国内外一些研究学者特别重视流体对地震的触发作用，大地震的产生与周围的构造环境（比如俯冲带，地壳物质的物理化学性质以及岩浆、流体等）密切相关，地壳中的发震层下方流体的存在会影响到发震断层的结构和性质，降低断层强度，从而使区域应力场发生变化，导致断裂带上应力出现集中（Sibson et al.，1992；Hickman et al.，1995；Zhao et al.，1996，2002），已有的研究成果均表明了这一点。如：Zhao（1997）通过对1994年美国南加州北岭地震的研究发现北岭地震前后震源区应力场的变化，并认为震源区应力场的变化和断裂带内的流体有关；Katao（1997）通过研究1995年日本神户地震前后震源区应力场的变化，发现其与断裂带内的流体有关；Huang（2004，2005）对唐山等大地震、首都圈地区强震发生的深部构造环境研究发现，多数大地震都发生在高速块体的边侧，而在震源区的下方存在明显的低速体分布，并认为这些低速异常与流体有关，下地壳中的流体容易引起中上地壳发震层的弱化和应力集中，使孕震断层易于破裂，从而发生大震；Lei（2009）研究发现汶川主震震源区下方存在明显的低波速异常体，且这种低波速异常体散布于龙门山断裂带整个地壳深度范围内，暗示着流体作用于整个断裂带，并据此认为汶川地震的发生可能与沿龙门山断裂带上浸的下地壳流密切相关。

（3）成像结果表明了四川芦山 $M_S7.0$ 地震震源体下方存在低速异常分布，且四川芦山 $M_S7.0$ 地震发生在龙门山断裂带西南端，其震源深度经重新定位后约为 17 km 左右，刚好处于岩石强度最大的脆—韧性转变带附近，结合收集到的跨龙门山断裂带南段名山—宝兴的石油地震勘探剖面（石油部四川勘探局地质调查处，1985），显示在龙门山断裂南段的大川—双石断裂与四川盆地之间还发育有新开店断裂和大邑断裂，这些断裂均走向 NE，倾向 NW，在剖面上构成叠瓦逆冲系，最终归并于地下 20 km 左右的水平滑脱层上。断裂由于受到流体长时间的作用影响了其结构和组成，进而改变了断裂带的应力状态（Sibson，1992；Hickman et al.，1995），从而造成了四川芦山 $M_S7.0$ 地震孕震区的弱化，可能对此次芦山 $M_S7.0$ 地震起到了触发作用。研究成果对深入理解龙门山断裂带西南段四川芦山 $M_S7.0$ 地震的孕震机制和深部介质条件提供了可靠的地震学依据，为该区地震构造环境评价和地震活动趋势分析提供了科学的深部构造资料。

5.2　2014 年 11 月 22 日康定 $M_S6.3$ 地震

5.2.1　区域地震构造环境

据中国地震台网正式测定：2014 年 11 月 22 日 16 时 55 分在四川省甘孜藏族自治州康定市（30.3°N，101.7°E）发生了 6.3 级地震，震源深度 14.6 km。截至 23 日 15 时 30 分，康定"11·22"6.3 级地震已经造成 5 人死亡，1 人失踪，54 人受伤（其中危重伤 6 人、重伤 5 人、轻伤 43 人）。随后，于 2014 年 11 月 25 日 23：19：07 在康定县（30.2°N，101.7°E）又发生 5.8 级地震，两次地震相聚 10 km 左右，但震中位置南移，向着康定城方向逼近。从大区域构造位置上来看，康定地震震区处于青藏高原东南缘，受青藏高原强烈隆起抬升和高原上地壳物质向东蠕散的影响，青藏高原东部地区形成了一系列的弧形走滑断层系（图 5.7）。作为川滇块体东北边界断层的主要成员，鲜水河断裂带全新世以来表现出强烈的左旋水平剪切运动特征。自 1700 年以来，该断裂带上发生 $M \geqslant$ 6.0 级地震 22 次，其中 $M \geqslant 7.0$ 地震 8 次，发生于 1973 年 2 月 6 日的四川炉霍 M7.6 地震是该断裂带自 1900 年以来发生的最强地震。然而，1981～2008 年期间鲜水河断裂带上没有较大地震的发生，出现了大地震在时间段上的"空段"（易桂喜等，2005、2011；闻学泽等，2000、2009），其潜在的地震危险性已经引起了国内外地震专家和学者们的密切关注（Parsons et al.，2008；Toda et al.，2008；万永革等，2009；吴萍萍等，2014），因此，鲜水河断裂带强震孕育的深部构造环境和地震危险背景值得进一步关注和研究。

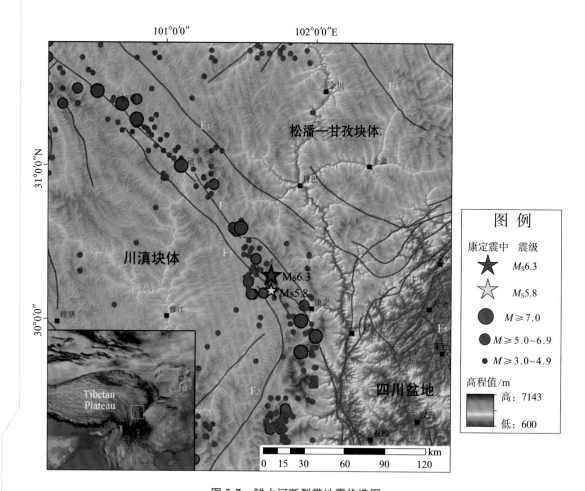

图 5.7 鲜水河断裂带地震构造图

F1：鲜水河断裂带；F2：玉农希断裂带；F3：龙门山断裂带；F4：抚边河断裂带

5.2.2 P 波速度结构

1）数据及成像方法

2008 年汶川地震后，四川区域数字地震台网进行了升级改造并对观测数据进行了数字化处理，因此，为了得到可靠的成像结果，本研究重点收集汶川地震震后从 2009 年 1 月 1 日至 2014 年 12 月 5 日期间发生的、被四川数字地震台网和流动地震台站（图 5.8 (a)）记录到的 P 波区域地震到时资料，其中 60 个固定地震台站位于四川省境内，流动地震台阵主要集中分布于龙门山断裂带西南段、安宁河断裂冕宁以北段和鲜水河断裂南东段交汇处的"三岔口"康定地区及其周边，本研究所选用的地震事件分布范围遍及全川，主要集中分布在龙门山断裂带和鲜水河断裂南东段及其附近，确保了各个方位的射线覆盖。经过严格的筛选，筛选出大于等于 $M1.0$ 地震事件共计 7397 次，见图 5.8（b），每个地震的 P 波到时观测数据不少于 10 个，读取的 P 波到时数据的精度为 0.05～0.10 s，最后反演中共采用了来自 7397 个事件的 99287 个 P 波到时数据。

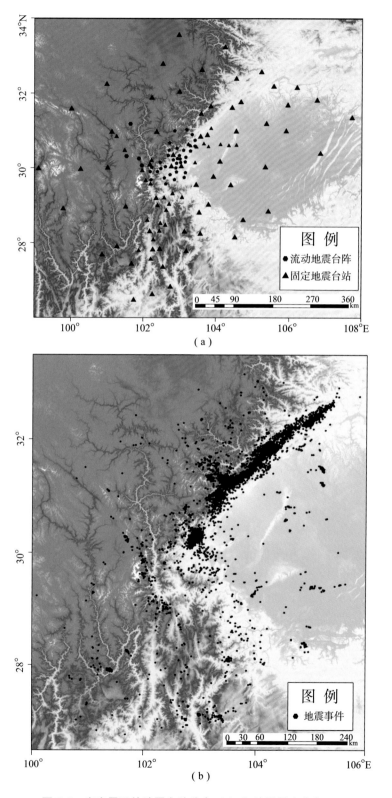

（a）

（b）

图 5.8　康定震区的地震台站分布（a）和地震震中分布（b）

采用了 Zhao 等提出的走时层析成像方法来反演康定地震震源区及周边区域三维 P 波速度结构（Zhao et al.，1992、1994、2001），该方法允许速度在三维空间内任意变化，并通过在模型空间中设置一系列的三维网格节点，节点处的速度扰动作为反演中的未知数被求解，而模型中其他任意点的速度扰动可由与之相邻的 8 个节点的速度扰动线性插值得到。为了快速、精确地计算理论走时和地震射线路径，该方法在射线追踪过程中对 Um 和 Thurber（Um J et al.，1987）提出的近似弯曲算法进行了改进，迭代地应用伪弯曲技术和斯奈尔定律进行三维射线跟踪，使之适用于复杂的速度间断面存在的情况，在反演过程中，采用带阻尼因子的 LSQR 方法（Paige et al.，1982）求解大型稀疏的观测方程组，且阻尼满足了模型和数据方差均为最小。

2）速度结构特征

利用四川区域数字地震台网和康定地区及周边所布设的流动地震台阵在 2009 年 1 月 1 日至 2014 年 12 月 5 日期间所记录到 7 397 次区域地震事件的 99 287 条 P 波到时资料，反演得到了鲜水河断裂带南东段康定震区及其周边的三维速度结构特征。图 5.9 给出了 1～16 km 地壳不同深度范围内 P 波速度异常分布图，从图中可以看出，在浅部上地壳深度范围内，P 波速度异常分布特征与地表地质构造、地形地貌和地层岩性密切相关，由 1 km 深度的速度分布图可以看出康定东侧至宝兴一带表现出高速异常特征，这主要与地面出露的前震旦纪结晶片岩、中基性变质火山岩及岩浆岩分布有关，龙门山前陆逆冲楔中的上元古界变质岩块分布范围与该高速区范围大体一致（陶晓风等，1995），且高速区北西边界被金汤弧形构造带所限制，这一分布特征到了 8 km 深度图上仍表现出较好的对应关系。丹巴—小金地区位于川青面状强隆区二级新构造单元，第四纪以来，伴随着青藏高原的强烈隆起抬升，其中丹巴地区出露上元古界的变粒岩、含砾片岩及混合岩，晚震旦纪陡山沱组及灯影组大理岩、片岩等地层；而小金中部出露古生界和前古生界高级变质岩，形成变质穹隆，围绕该穹隆区出露三叠纪浅变质砂板岩、千枚岩地层（许志琴等，1992；曾宜君等，2001），这种岩性分布特点与图 5.9 速度结构中的低速异常分布特征密切相关。我们得到的鲜水河断裂及以西地区的低速异常特征与王椿镛等（2003）通过人工地震测深所得到的鲜水河断裂带在近地表有相对低的速度结构且低速带宽度达几公里相一致，同时成像结果也符合大型地壳断层在近地表一般都具有几百米甚至几公里宽的低速带特征（Thurber，1983）。随着深度从 1～12 km 的递变，速度异常分布趋势也随着发生改变，鲜水河断裂南东段作为雅江—九龙一带的低速区与泸定—宝兴高速区的分界线逐渐清晰，表明了鲜水河断裂带南东段两侧上地壳物质存在显著的横向介质差异，而康定 M_S6.3 地震就发生在该高低速异常区的分界线上，这一速度结构特征在 12 km 深度图上表现得尤为明显，稍有不同的是康定震区西南侧的低速区分布范围出现了串珠状圈闭的特征，究其原因是该低速圈闭分别为川西面状强隆区内的雅江断隆和贡嘎山强断隆所对应的三级新构造区域范围，其中，贡嘎山强烈断块隆起区的东边界为鲜水河断裂南东段，西侧以玉农希断裂为界，玉农希断裂控制了低速区的西边界分布范围，第四纪以来，由于断块边界断裂的强烈差异运动，同时鲜水河断裂在该段的向南偏转，由左旋水平剪切运动在转折部位转化为挤压运动而导致的地貌效应，贡嘎山断块强烈的隆起抬升状态使其与周围山体具有明显不同的地球物理场特性差异（如流动重力异常），塑造的断裂构造格局对该区地震的空间分布格局具有明显的控制作用（李大虎等，2013）。16 km 深度处康定—石棉及其以东地区的高速异常分布特征与 Liu et al.（2014）利用川西台阵数据进行 P 波接收函数和噪声联合反演所得到的研究结果相一致。

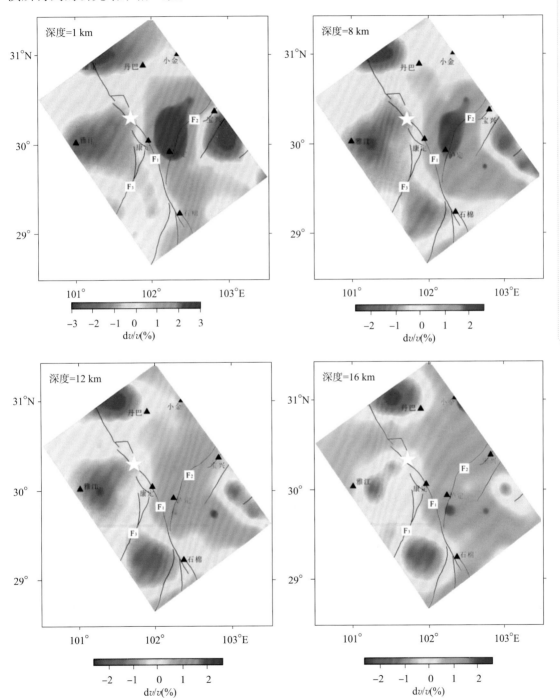

图 5.9　鲜水河断裂带南东段的 P 波速度异常分布

F1：鲜水河断裂带；F2：龙门山断裂带；F3：玉农希断裂带；

图中黑线为区内主要断裂，白色星号代表康定 $M_S6.3$ 主震

5.2.3　视密度反演

为了探求鲜水河断裂带南东段壳内不同深度范围内密度的横向变化情况和磁化强度分布差异特征，同时也为了进一步验证 P 波成像结果的可靠性与合理性，我们又分别采用了视密度、视磁化强度反演的方法，得到了上地壳不同深度密度的横向变化信息和视磁化强度的分布特征。我们提取出不同深度层的重磁位场异常信息，进而系统地分析鲜水河断裂带南东段深部孕震环境、介质物性分布特征与 2014 年康定 $M_S6.3$ 地震之间存在的关系。采用视密度反演得到的是各深度层密度变化的近似分布情况。视磁化强度的反演可以用来划分磁性岩层、确定岩体的边界和突出地质构造单元界线，根据磁异常形态、幅值大小、梯度变化、走向特征及分布范围来分析康定震区磁场的强弱分区及特征，以此来研究鲜水河断裂带南东段壳内磁性物质的分布范围以及结晶基底特征。航磁资料反演得到的浅源磁性异常通常反映出露的和浅层的岩浆岩分布与磁性基底的性质和埋深，深源磁性异常则主要与中上地壳内岩石的性质及地壳磁层的厚度有关。

由于松潘—甘孜块体的地壳浅部分布有巨厚密度低、磁性弱的沉积盖层，所以总体来看，由图 5.10 视密度反演图（10 km、20 km）所揭示出块体南西边界鲜水河断裂带道孚—康定地区低密度背景场特征下，不同段落之间的形态也存在明显的差异，大致以道孚县八美镇为界，断裂的北西段显示为一系列宽缓异常区，而断裂南东段则显示为重力梯度快速变化带，其中道孚盆地表现为串珠状圈闭的低值异常区，过了康定以南，鲜水河断裂南段的北东侧区域表现相对宽缓些，这一趋势性变化在 20 km 深度的视密度反演图上则更为明显。此次康定 $M_S6.3$ 地震的震中位置位于贡嘎山强断隆的北界—鲜水河断裂南东段的重力梯度变化带上，康定贡嘎山作为一个典型的断块隆起区，低值串珠状圈闭的贡嘎山低重力异常区在进行均衡调整过程中将促使壳内物质重新分布，影响和制约着鲜水河断裂带南东段的构造变形和地震活动。

5.2.4　视磁化强度反演

航磁异常反演是根据磁场的空间分布特征来确定地下所对应的场源体特征（Pilkington，1989；管志宁等，1990）。我们再对航磁数据进行反演，得到了 5～30 km 深度处的视磁化强度反演图（图 5.11）。其中，5 km 深度图中丹巴作为马尔康地块和扬子地块的过渡地带，呈现出条带状视磁化强度分布特征，雅江地区较为平滑的背景磁场且区域视磁化强度由东向西逐步降低，在数百千米的长度之内看不出明显的异常变化，由于该区多为三叠系地层及燕山期花岗岩所覆盖，平静的背景场应是雅江地区弱磁性基底的反映。位于两地之间的鲜水河南东段地区康定—石棉及其以东地区位于高磁化强度范围内，且鲜水河断裂带南东段地区多显示为椭圆形大范围缓梯度高低视磁化强度异常镶嵌的磁场特征反映了康定—石棉及其以东地区存在刚性基底，深度 10 km 处视磁化强度变化趋势较 5 km 深度更为明显，范围进一步增大，磁化强度也有所增加。由于深层视磁化强度反演结果主要反映深部磁性基底特征，20 km 和 30 km 深度图的等值线形态比浅

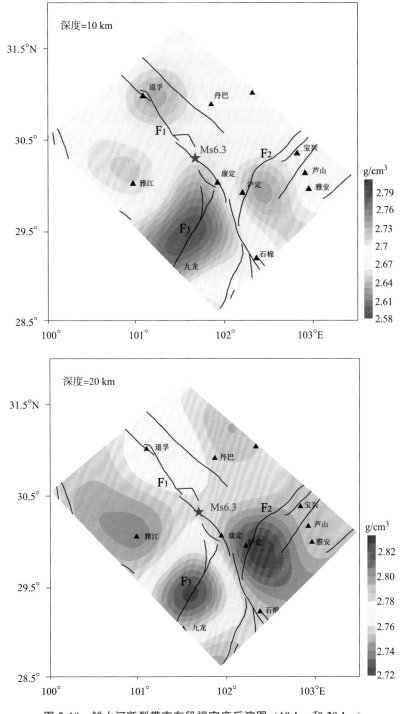

图 5.10　鲜水河断裂带南东段视密度反演图（10 km 和 20 km）

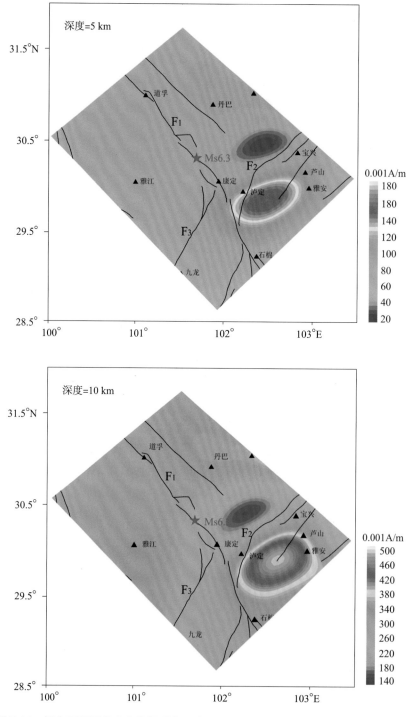

图 5.11 鲜水河断裂带南东段视磁化强度反演图（5 km、10 km、20 km 和 30 km）

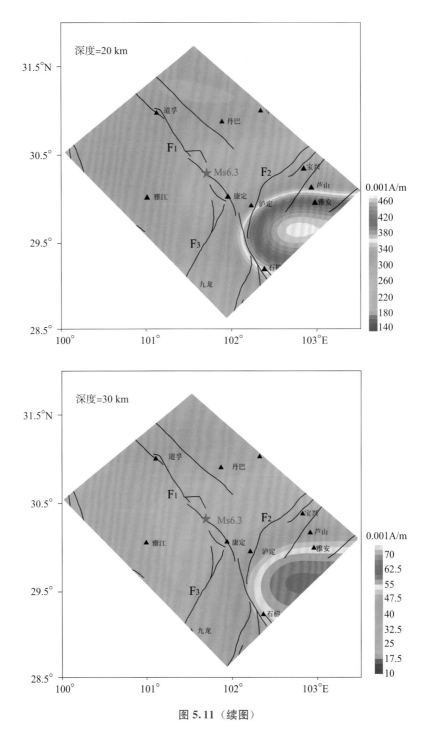

图 5.11（续图）

层磁异常分布更为圆滑，等异常线的局部扰动滤除了，是更具有框架性磁异常的反映。根据视磁化强度 20 km、30 km 反演结果，鲜水河断裂带南东段高磁性北东向列的椭圆形范围截止到四川盆地西缘的大凉山断裂带，而降低的磁场强度背景反映了鲜水河断裂带南东段以西地区深部物质磁性较弱的特性，其中沿九龙—雅江及其以西地区存在一条

NW 向转 NS 向连续延伸的低磁异常带。在龙门山断裂带南东段宝兴及康定等地东侧，地面出露为前震旦纪结晶片岩，中基性变质火山岩及岩浆岩，它们共同组成四川盆地西缘的磁性基底（宋鸿彪等，1991；张先等，1998），上覆震旦系及寒武—奥陶系等古生界及中新生界非磁性盖层。根据视磁化强度反演图 5.11 可以看出，这些地区前震旦系基底内的中基性火山杂岩引起的异常表现出特别快的衰减，雅江—九龙一带有些磁性异常几乎消失，而扬子块体西缘边界的磁性异常并没有随着反演深度的增加急剧衰减，体现出鲜水河断裂带东西两侧不一样的磁性异常背景特征。随着川青块体向南东方向滑移，受到盆地西缘边界刚性磁性基底对川青块体的强烈阻挡，从而加剧了康定—石棉及其以东地区基底岩层的褶皱变形，并产生了强烈的应力积累，也正是由于不同块体内部或者块体间基底性质存在的明显差异、强磁性坚硬介质发育的雅安—泸定磁性穹窿区往往有利于应力相对集中，脆性上地壳中低强度的区域在横向挤压的构造应力场作用下易于破裂，从而有利于康定 $M_S6.3$ 地震的孕育和发生。

5.2.5　结论与讨论

（1）鲜水河断裂带南东段上地壳范围内不同深度的三维 P 波速度结构特征，揭示了鲜水河断裂带南东段的深部介质构造环境，断裂两侧雅江—九龙一带和泸定—宝兴地区分别呈现出低速异常与高速异常的分布特征，表明了鲜水河断裂带南东段两侧上地壳物质存在显著的横向介质差异，而康定 $M_S6.3$ 地震恰好发生在该高低速异常区的分界线上。2014 年 11 月 22 日康定地震发生后，通过对四川省区域固定台网和流动测震台站于 2014 年 11 月 25 日至 12 月 5 日期间所记录到的 1028 个康定 6.3 级地震的余震序列进行精确定位，结果可以看出（图 5.12），重新定位后的余震序列沿着鲜水河断裂带南东段呈成条带状分布，A—A′和 B—B′剖面显示震源深度优势分布层位深度为 8～15 km，为浅源性壳内地震，这与易桂喜等（2015）研究结果一致。康定 $M_S6.3$ 余震序列的空间分布特征与松潘—甘孜块体西南边界的鲜水河断裂南东段的深部介质条件密切相关。首先，在地震学研究方面，Wang 等（2008）通过研究 S 波的速度结构发现青藏高原东南缘下地壳介质具有强衰减的性质并呈现出大范围的低速异常；郭飚等（2009）利用川西地震台阵记录到的远震 P 波走时数据反演，获得龙门山地区 400 km 深度范围内的三维 P 波速度结构，也显示鲜水河断裂带中下地壳（30 km）存在低速异常扰动；Liu 等（2014）通过 P 波接收函数和背景噪声的联合反演，得到了 3D 青藏高原东部 0～100 km 的速度成像，发现下地壳的物质沿鲜水河断裂带流动，并在鲜水河断裂带和龙门山断裂带交汇处分流，在流动过程中同时拖曳着中上地壳的运动，由于中地壳软弱，所以应力的集中一般在上地壳（20 km 以内）。其次，在 MT 测深研究方面，Zhao et al.（2012）通过跨龙门山推覆构造带南段（宝兴附近）和中段（北川—映秀附近）的大地电磁剖面探测研究结果表明，龙门山断裂带中北段以西的松潘—甘孜块体在上地壳高阻层下方存在地壳高导低阻层，其层顶面埋深约为 20 km，龙门山断裂带南段西侧的地壳低阻层深度即相对坚硬上地壳的厚度约为 10 km，小于汶川地震所在的中段西侧的低阻层顶面深度。2013 年"4·20"芦山 $M_S7.0$ 地震之后，由中国地震局地球物理研究所牵头，实施

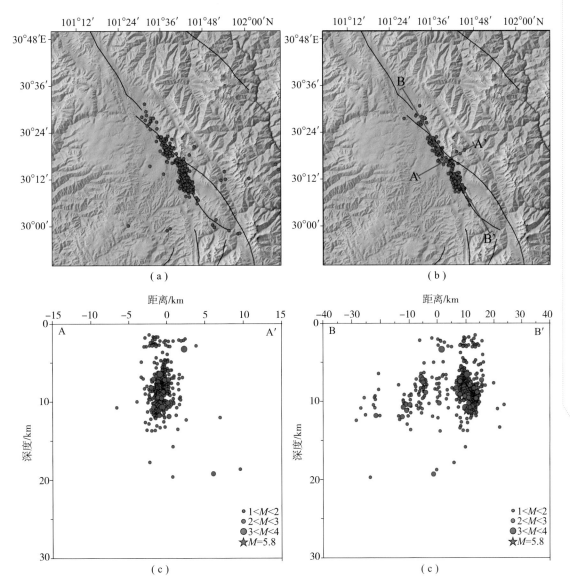

图 5.12　精定位后的地震震中分布和沿 A—A′、B—B′ 剖面震源深度分布图

（a）精定位前震中分布图；（b）精定位后震中分布图；（c）A—A′剖面；（d）B—B′剖面

了芦山"4·20"7.0级强烈地震的科学考察工作，詹艳等（2013）根据跨龙门山断裂带南段震源区的 MT 复测成果反演得到该区的二维深部地电结构，震后 MT 复测资料表明龙门山断裂带南段深部电性结构发生了变化，但松潘—甘孜块体南西边界断裂——鲜水河断裂带的低阻层埋藏深度差异较大。由于受青藏高原强烈隆起抬升和高原上地壳物质向东蠕散的影响，块体内部低速层的存在使上地壳如同漂浮在塑性层上，且中下地壳低速层的存在有利于应力在其上方的脆性地壳内集中，这正是鲜水河断裂及其附近地区发生强烈地震的深部介质条件。同时，青藏高原东部地区所形成的一系列的弧形走滑断层系，构成了川滇和川青两个明显的滑移块体，随着青藏高原的地壳增厚和抬升，龙门山断裂带以西的川青块体向 SE 方向滑移，在龙门山断裂带西南段、安宁河断裂冕宁以北段和鲜水河断裂带南东段附近交汇的"三岔口"康定地区同四川盆地西缘相碰撞，盆地西缘泸定—雅安等高速异常区所积累的应力突然释放，产生康定 $M_S6.3$ 地震，这正是从地震学方面对此次鲜水河断裂带南东段康定地区强震孕育和发生的深部构造环境做出的解释。

（2）研究结果还表明，位于四川盆地西缘的泸定—雅安地区密度较高，其上地壳物质比较坚硬，而松潘—甘孜块体的地壳物质则相对比较软弱。鲜水河断裂带南东段特有的视密度和视磁化强度异常分布特征也反映了康定地区东西两侧的基底性质存在明显差异，康定—石棉及其以东的地区所表现出的磁异常高和重力高的位场特征，反映该区域由强磁性、高密度物质组成。在区域构造应力场的作用下，具备孕育和发生大震的深部构造环境，而康定 $M_S6.3$ 地震就发生在康定—石棉重力梯度变化带上、雅安—泸定磁性穹窿区的西边界线上。应力相对集中的脆性上地壳内部中低强度的区域在横向挤压的构造应力场作用下易于破裂，从而有利于康定 $M_S6.3$ 地震的孕育和发生。

（3）2013 年 4 月 20 日四川芦山 $M_S7.0$ 地震的发生，是否有可能开启在它南面的沉寂多年的近 NS 向的安宁河断裂带及其附近现今小震相当活跃的冕宁、石棉一带的强震活动（陈运泰等，2013；Yang et al.，2005），是个亟待加强监测与研究的重要科学问题。从地震活动性方面看，2014 年 10 月 1 日 09 时 23 分，大凉山断裂北段附近的越西县（28.4°N，102.8°E）发生 5.0 级地震，而连接 NE 向龙门山断裂带、NW 向鲜水河断裂带与近 NS 向安宁河断裂带的 Y 字形的"三岔口"地区，是近年来持续关注的地震危险区和重点监视防御区，此次康定 $M_S6.3$ 地震就发生在该地区。由于鲜水河断裂带上其他区段历史上都发生过强震，唯独其南东段的石棉地区没有强震记载，仅有 1989 年 5 月的 5.3 级地震和 2008 年 6 月 18 日的 4.7 级地震。据四川省现代台网观测记录，自 20 世纪 70 年代迄今的 40 余年间，石棉地区及其附近约 95.96% 的地震为 $M_L<3.0$ 级的小震活动，$M_L\geqslant3.0$ 级地震仅占 4.04% 左右。迄今为止，康定—石棉段历史最大地震为 1786 年 7¾ 级地震。然而，鲜水河断裂带南东段晚第四纪以来的活动更具鲜明的特色，以显著的断错地貌和近代地震地表破裂为其主要特征。根据野外地震地质调查，鲜水河断裂南东段—擦罗段北起石棉田湾，向东南经安顺场、擦罗止于公益海附近，长度约 60 km，该段错切了台地并形成明显的断槽地貌，在安顺场附近，鲜水河断裂在该段呈 NW30°方向延伸，将冲沟和冲洪积阶地同步左旋错断，其中 IV 级阶地面被断层纵向错开，位错量在 300m 左右，显示出明显的活动性。在康定新城以东，鲜水河断裂呈左旋右界羽列状展布，自 NW 以羽列状断层穿越康定新城两岔路村并向 SE 延伸（图 5.13）。

图 5.13　康定新城以东的鲜水河断裂呈羽列状展布通过

唐汉军等（1995）通过对古地震的遗迹研究表明鲜水河断裂在石棉地区目前呈闭锁状态，有发生大震的危险。根据对鲜水河断裂带南东段深部孕震环境的综合研究成果可知，石棉段处于重磁异常梯级带上且其北东侧表现出的高密度、强磁性和高波速等物性特征有利于区域应力的相对集中，鲜水河断裂带南东段石棉地区的地震活动趋势和地震危险性背景值得进一步关注和研究。

5.3　2014 年 8 月 3 日鲁甸 $M_S6.5$ 地震

据中国地震台网测定，北京时间 2014 年 8 月 3 日 16 时 30 分，云南省昭通市鲁甸县发生 $M_S6.5$ 地震，震中（27.1°N，103.3°E）位于鲁甸县龙头山镇。近十多年来，莲峰、昭通断裂带及其附近中强地震的发生频次明显增多（图 5.14），如 2003 年鲁甸 $M_S5.0$、

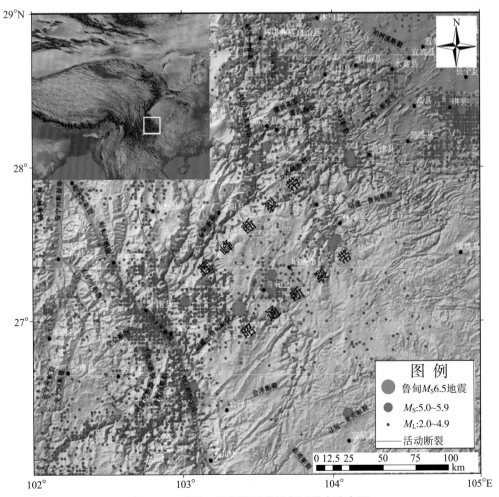

图 5.14　莲峰、昭通断裂带及邻区震中分布图

$M_S5.1$ 地震，2004 年鲁甸 $M_S5.6$ 地震，2006 年盐津 $M_S5.1$ 地震，2010 年盐津 $M_S4.6$ 地震，2012 年彝良 $M_S5.7$、$M_S5.6$ 地震，2013 年盐津 $M_S4.2$ 地震，2013 年宁南—云南 巧家交界 $M_S4.9$、$M_S3.1$ 地震，2014 年 4 月 5 日永善县 $M_S5.3$ 地震，2014 年 8 月 3 日 鲁甸 $M_S6.5$ 地震、8 月 17 日永善 $M_S5.0$ 地震，中强地震的频发使得莲峰、昭通断裂带 是否具备孕育和发生强震或大地震的深部构造背景成为一个亟待研究的问题。

5.3.1　区域地震构造环境

莲峰、昭通断裂带位于川滇块体东边界带向东凸出的过渡变形区大凉山次级块体的 南缘断裂带，由 2 个平行、分隔的中、大型逆冲—推覆构造带组成。莲峰断裂东北起自 盐津以西，向西南经莲峰，止于巧家以北，全长 150 km，总体走向北东 35°～45°，倾向 北西。莲峰断裂作为一条区域性的大断裂，对地层发育与区域构造变形起控制作用。昭 通断裂东北起自盐津东南，向西南经彝良、昭通、鲁甸、会泽，止于巧家以南小江断裂 带东侧，长 150 km，该断裂带与莲峰断裂带平行，对地层发育与区域构造变形也起明显 控制作用。莲峰、昭通断裂带所属的川滇交界东部地区是往年年度震情研究中所关注的 全国地震重点危险区之一，根据 2012 年中国地震台网中心中国大陆及青藏高原东南缘 地震大形势分析，与 2011 年相比该危险区北边界向南收缩，预测的地震水平为 6～7 级，因此，强震危险性不容忽视。

5.3.2　P 波速度结构

由于 2014 年鲁甸 $M_S6.5$ 主震发生在川滇块体东侧的大凉山次级块体南东缘昭通、 莲峰断裂带内 NW 向的包谷垴—小河断裂附近，因此我们截取了川滇交界东部地区的昭 通、莲峰断裂带及其周边地区（图 5.15）的三维 P 波速度结构进行重点剖析和研究。图 5.16 给出了研究区不同深度范围三维 P 波速度异常分布图，在浅部上地壳深度范围内， P 波速度异常分布特征与地表地质构造、地形地貌密切相关，由 1 km 速度结构分布图 可以看出马边构造带和金阳—峨边断裂所夹持的地区表现出高速异常特征，这主要是因 为该处新构造位置处于凉山中升区，属于青藏高原东南缘向华南褶皱系的过渡地带，故 表现出了与第四纪以来强烈隆升相关的高速异常。位于研究区北东侧的华蓥山断裂南段 和马边断裂东南段交汇处的宜宾、盐津等地也表现出与区内间歇性大面积整体抬升相关 的高速异常。莲峰断裂带作为一条区域性的大断裂，对地层发育与区域构造变形起控制 作用，莲峰断裂西侧的布拖盆地呈现出圈闭状的低速异常。昭通断裂控制了昭通、鲁甸 新生代盆地的发育，因此，昭通、鲁甸地区的速度结构均表现出与地形相关的低速异常 特征，该低速异常的边界受到昭通断裂构造所控制，其延伸方向与断裂走向基本一致。 在 10 km 深度层上，昭通、莲峰断裂带及其周边上地壳速度结构呈现出明显的横向不均 匀分布，并形成了尺度不同、高低速相间的分块结构，其中低速异常主要分布在大凉山 断裂南段以及小江断裂的北段区域，这与吴建平（2013）利用小江断裂带及周边区域流 动地震台阵反演得到的三维 P 波速度结构成果相一致，昭通、莲峰断裂带及其周边上地壳物质存在显著的横向介质差异，昭通、莲峰断裂带处于高波速异常区，其间存在局部的相对低速异常体，2014 年鲁甸 M_S6.5 地震位于该高低速异常的分界线附近略偏向高速体一侧，反 L 型的余震沿着高低速异常的分界线 NW 向聚集分布，这种特有的速度结构特征有利于应力在脆性的上地壳内积累和集中。

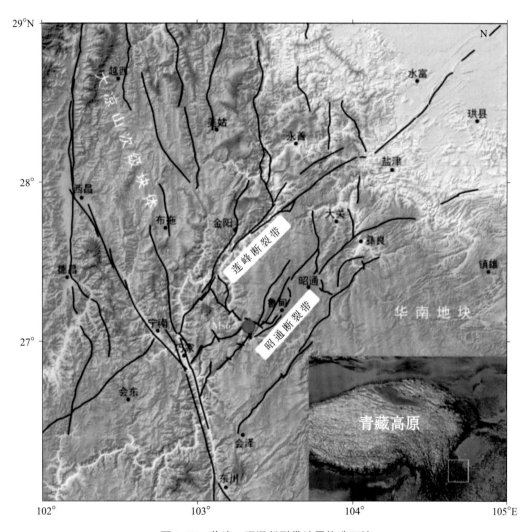

图 5.15　莲峰、昭通断裂带地震构造环境

随着反演深度的增加，研究区中下地壳速度异常分布特征呈现一定的趋势性变化，其中 15 km 深度层上大凉山次级块体西南缘的低速异常分布特征明显，赵国泽等（2008）通过对青藏高原东南缘及附近地区石棉—乐山剖面大地电磁资料的研究，揭示了大凉山次级块体在约 15 km 深度存在"管道流"（低阻层），这与我们所揭示出的 P 波低速层展布范围相符。通过三维 P 波速度结构还可以看出，小江断裂北段和昭通断裂南段则处于低速异常区内，鲁甸 M_S6.5 地震震源区附近出现大范围低速异常分布，这与李永华等（2014）的 Rayleigh 波群速度频散和远震接收函数联合反演所得到的 S 波速度结构结果相一致。30 km 深度处的莲峰、昭通断裂带部分区域的速度异常分布形态和范围

均有所改变，大凉山次级块体西南缘的低速异常仍然存在，并呈现出近 SN 向的展布特征。莲峰断裂北段的高速异常特征尤为明显，且正异常前缘向南扩展至包谷垴—小河断裂附近，向东延伸至鲁甸、昭通和彝良一带，并被昭通断裂北段限制住了其继续东扩的范围。40 km 和 50 km 深度处的三维 P 波速度结构反映了莲峰、昭通断裂带下地壳的速度结构特征，昭通断裂北段作为高低速异常分界线特征愈发明显，滇东北块体分布大范围的低速异常，表明该区下地壳物质相对较为软弱。Huang 等（2015）利用 ChinArray 地震台阵数据研究青藏高原东南缘不同深度 P 波各向异性结果，也表明了该区 40 km 处低速异常的存在，并提出了稳定的扬子克拉通块体深部受到青藏高原东南缘活动块体的作用而遭到破坏的观点。丽江—新市镇的人工地震测深剖面的结果同样揭示了该区域地壳为高、低速相间的多层层状结构，上地壳和上地壳底部低速层微向西倾，显塑性的低速层埋于壳下 20 km 附近（崔作舟等，1987）。结合已有的冕宁—宜宾大地电磁测深剖面资料（万战生等，2010），综合分析表明该低速高导异常与壳内物质的部分熔融或者壳内流体的存在有关。我们的 P 波成像结果还揭示了鲁甸 M_S6.5 地震震源体下方中下地壳存在大范围低速异常分布，相对于中下地壳分布的低速异常而言，鲁甸 M_S6.5 地震的震源体则处在坚硬脆性的上地壳介质范围内。

为了进一步揭示莲峰、昭通断裂带内部鲁甸 M_S6.5 地震发生的深部孕震环境，采用双差相对定位的方法对鲁甸 M_S6.5 地震震后一周内（8 月 3—11 日）506 个中小地震进行了序列重新定位。地震重新定位结果显示，鲁甸地震序列震源深度的优势分布层位主要集中在 5~20 km 深度范围内，位于所揭示的中下地壳的低速层之上，考虑到鲁甸 M_S6.5 地震的主震介于脆性的上地壳底界和中下地壳的低速层之间（图 5.16）。因此，我们推测震源体下方壳内低速层的存在可能使得其上覆脆性上地壳物质易于构成应力集中，易于形成强震，这正是昭通断裂带中强震孕育和发生的深部构造背景。

5.3.3 视密度反演

图 5.17 显示了不同深度层的视密度反演结果，从 5 km 深度图可知攀西构造带轴部的西昌—米易—攀枝花地带表现出明显的相对视密度正值异常，并随着深度的增加，其轴部高值正异常分布的特征依旧存在，这反映了轴部地带的地壳内部存在着来自深部的基性和超基性岩的高密度侵入体，而大凉山次级块体内部的美姑—金阳陷褶束出现了明显的条带状视密度低异常区。从 10 km 深度图上可以看出攀西构造带正值异常依然存在，而布拖盆地表现出串珠状圈闭低值异常区，这与前面三维 P 波速度结构所揭示出莲峰断裂西侧的布拖盆地呈现出圈闭状的低速异常分布一致。随着反演深度的增加，研究区中下地壳视密度异常分布特征呈现一定的趋势性变化，其中 15 km 深度层的视密度反演结果显示了莲峰、昭通断裂带及其周边区域视密度变化异常等值线在昭通断裂附近形成了宽缓的梯级带。从 15 km 深度图中还可以看出凉山次级块体内部的美姑—金阳陷褶束和滇东块体内部会泽—曲靖台褶束均显示出明显的串珠状视密度低的异常区，西昌—米易—攀枝花等地区则显示出条带状相连的正视密度异常，昭通断裂带正好位于正负异常的分界线上。从新构造分区来看，由于位于大凉山断裂以东、荥经—马边—盐津

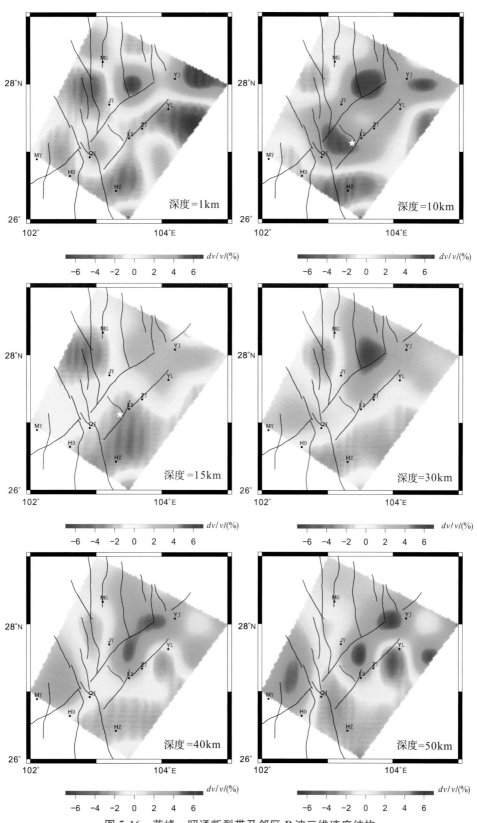

图 5.16　莲峰、昭通断裂带及邻区 P 波三维速度结构

（图中黑线为区内主要断裂，白色星号代表鲁甸 $M_S 6.5$ 主震）

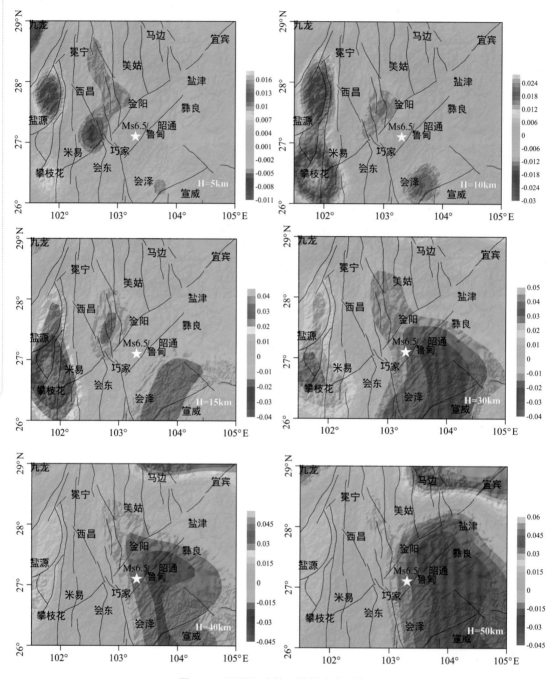

图 5.17　不同深度的三维视密度反演图

断裂带以西的凉山中升区第四纪以来表现为整体性的大面积抬升，抬升幅度在 2000 m 左右，滇东—黔西掀升区整体性好，抬升幅度在 1500 m 左右，区内地势总体仍是北高南低，西高东低，并向东南掀斜，昭通断裂正处于这两个新构造分区的边界带附近，其特有的深部构造形态与该区的构造变形和地震的孕育及发生密切相关。随着反演深度的增加（30～50 km），莲峰、昭通断裂带及其周边中下地壳视密度变化区域愈发明显，川东南宜宾—自贡地区以及攀西地区的视密度正异常范围进一步扩大，两区中间夹持着负视密度异常区。30 km 深度处滇东—黔西中等掀升区在整体上表现出了大范围的低值异常分布特征，并形成了明显的宣威低视密度中心带，这一趋势性变化在 40 km、50 km 深度层视密度反演图上则更为明显，这与之前三维 P 波速度结构所揭示出速度异常分布范围相对应。因此，基于 P 波速度结构和三维视密度反演结果均表明了莲峰、昭通断裂带中下地壳深度范围内存在低速、低密度的异常分布，进而说明了鲁甸 $M_S6.5$ 地震震源体处在坚硬脆性的上地壳介质内部的深部构造背景。

5.3.4 航磁正则化滤波

图 5.18 是航磁正则化滤波的图像，从图中可以看出，大凉山次级块体的内部及其东边缘均呈现负磁异常区，其磁异常强度较低，形态多呈线性及串珠状异常，而滇东北台褶束则显示出条带状的负异常展布特征，其优势展布方向主要呈 NNE 向，与 NNE 向的宣威断裂和会泽—者海断裂构造的展布方向相一致。值得注意的是，昭通断裂的北段（鲁甸—彝良段）位于强磁异常区内，该区呈条带状 NE 向展布，与昭通断裂的走向基本一致，而断裂南段则处于负磁异常区内，鲁甸 $M_S6.5$ 地震的震中恰好位于航磁异常变异带，即正负磁异常的分界线附近，这与速度结构图所揭示的震中位于高低速异常分界线附近相互吻合。除此之外，鲁甸地震重新定位后的余震序列也是沿着航磁异常变异带分布，说明了断裂的深部构造形态对地震序列的空间展布具有明显的控制作用。

随着大凉山次级块体的南东向运动，受到华南块体西北缘边界刚性磁性基底的强烈阻挡，从而加剧了昭通—鲁甸地区基底岩层的褶皱变形，并产生了强烈的应力积累，也正是由于块体内部（大凉山块体、华南块体）或者块体间基底性质存在的明显差异，强磁性、高波速坚硬介质发育的昭通断裂段鲁甸地区往往有利于应力相对集中，脆性的上地壳内部中低强度的区域在横向挤压的

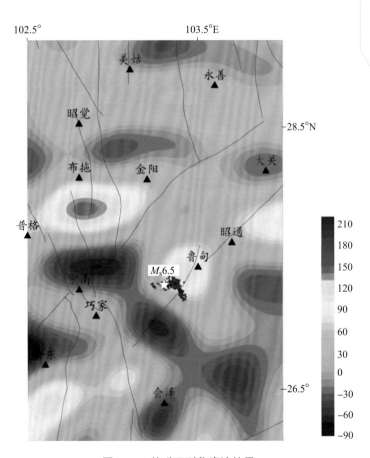

图 5.18　航磁正则化滤波结果

构造应力场作用下易于发生破裂，对鲁甸 $M_S6.5$ 地震的孕育和发生起到重要的作用。

5.3.5 视磁化强度反演

对研究区 1：5 万高精度航磁数据进行分析研究，航磁数据来源于自然资源部航空物探遥感中心，从航磁 ΔT 异常等值线平面图可以看出昭通、莲峰断裂及周边地区的异常特征以串珠圈闭状为主（图 5.19），由于航磁 ΔT 数据反映的是不同深度磁性场源体（构造）综合叠加效应，故与孕震背景密切相关的区域性深部场源体的异常分布形态并不明显。为了压制浅部磁性场源体产生的局部异常或高频干扰信息、消除地磁场倾斜磁化对航磁异常所造成的干扰，提取出不同深度的航磁异常信息，为系统地分析青藏高原东南缘强震区内的深部孕震环境、介质磁性分布特征与强震活动之间的关系提供可靠的深部地球物理场依据，我们又进行了三维磁化强度的反演计算工作，具体步骤是先对原始磁异常数据进行相关预处理和化极处理，并结合本研究区的地质情况对化极磁力异常数据进行不同高度向上延拓处理的对比分析，选取合理延拓高度的磁异常作为磁化强度反演计算的基础数据，最后进行三维反演得到不同深度处的视磁化强度反演图（图 5.19）。

从 6 km 深度图中可以看出西昌—米易—攀枝花地带存在一系列梯度变化较大的短轴状圈闭正异常，总体呈南北向串珠状连续排列，由于该地区从北向南出露了一系列以早元古界—晚太古界的穹隆体为主体的各类岩浆岩体，因此强磁性异常多与这些基性、超基性岩浆岩的侵入有关，并且在不同深度的视磁化强度图中均有很好的航磁场响应。除此之外，我们还发现了一条展布于凉山块体内部及周缘的磁性隆起带，该磁性带主要表现出正异常分布特征，该带主要分布于昭觉、布拖、巧家、会东、托古等地，地面出露有一系列由震旦纪结晶杂岩、震旦—寒武系组成的断块和晚古生代辉绿岩以及玄武岩。昭通、莲峰断裂带南北两段视磁化强度特征差异明显，这一趋势在 9 km 深度处的视磁化强度变化图中得到较好地体现，串珠状异常展布范围进一步增大，深层视磁化强度反演结果主要反映上地壳深部磁性基底特征，同时也揭示出共轭断裂的深部构造形态。NW 向的包谷垴—小河断裂是与 NE 向昭通—鲁甸断裂相配套的共轭断裂，由数条断续展布的断层组成，反演结果表明该高低磁异常的分界线与包谷垴—小河断裂的深部展布形态相一致，是其深部构造形态的反映，2014 年鲁甸 $M_S6.5$ 地震位于该高低磁异常的分界线附近略偏向强磁异常体一侧，反 L 型的余震沿着该磁异常的分界线 NW 向聚集分布。除此之外，昭通断裂北段（昭通—鲁甸段）位于上地壳强磁性异常区内部，而断裂南段则处于负磁异常区内。鲁甸地震重新定位后的余震序列也是沿着航磁异常突变带分布，说明了该处共轭断裂的深部构造形态对地震发生和空间展布具有明显的控制作用。随着反演深度的增加，研究区中下地壳深度图中降低的磁场强度背景反映了莲峰、昭通断裂带及其以东地区深部物质磁性较弱的特性，其中 15 km 深度图上揭示了昭通、莲峰断裂带南段地区较为平滑的弱磁性基底背景场且区域视磁化强度由北向南逐渐降低，莲峰、昭通断裂带及其周边视磁化强度变化图的等值线形态比浅层磁异常分布更为宽缓（21 km、24 km 和 30 km），昭通、莲峰断裂带及其周边地区上地壳物质存在的横

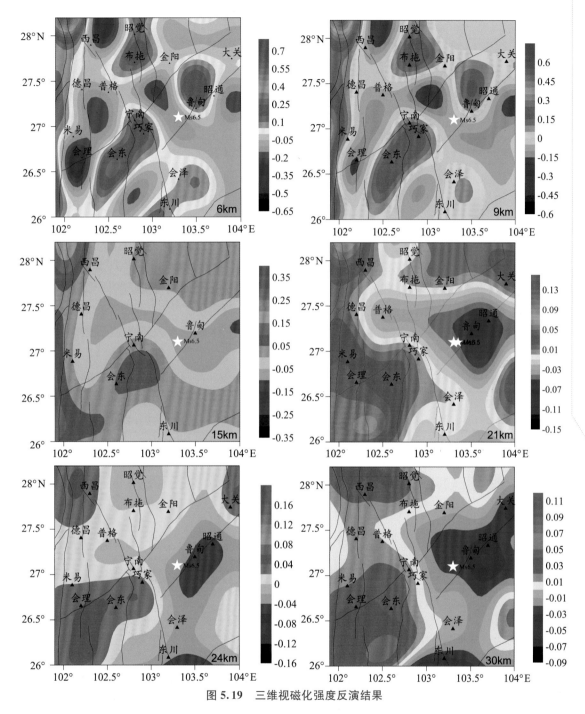

图 5.19　三维视磁化强度反演结果

向介质差异，随着大凉山次级块体的南东向运动，受到华南块体边界部分地段上地壳内部刚性磁性基底的强烈阻挡，从而加剧了昭通—鲁甸地区基底岩层的褶皱变形，并产生了强烈的应力积累，也正是由于块体内部或者块体之间基底性质存在的局部差异，强磁性、高波速坚硬介质发育的昭通断裂段鲁甸地区往往有利于上地壳内部出现应力相对集中，脆性上地壳内部中低强度区域在横向挤压的构造应力场作用下易于发生破裂，从而对鲁甸 $M_S6.5$ 地震的孕育和发生起到重要的作用。

5.3.6 结论与讨论

（1）根据我们的 P 波速度结构成果分析可知，2014 年鲁甸 $M_S6.5$ 地震及其余震序列均位于上地壳高、低速异常的交会地带，而余震沿着高低速异常的分界线 NW 向聚集分布，这与航磁正则化滤波结果揭示出鲁甸 $M_S6.5$ 地震的震中位于正负磁异常的分界线附近相互吻合。同时，鲁甸地震震源体下方存在低速异常，显然，相对于中下地壳低速带而言，鲁甸地震震源体则处在坚硬的、脆性的中上地壳介质内。三维视密度反演结果和 P 波速度结构均表明了鲁甸地震震源体下方低速、低密度的异常体的存在，进而论证了鲁甸 $M_S6.5$ 地震震源体处在坚硬的、脆性的中上地壳介质内。

（2）P 波成像结果还显示了在中下地壳深度范围内，大凉山块体内部低速异常的优势展布方向为近 SN 向，与大凉山断裂的走向基本一致，在沿着 EW 方向上，川西北次级块体和大凉山块体在中下地壳深度范围内均存在连续的低速层分布，我们推测该低速层自西向东越过大凉山断裂，最终止于荥经—马边断裂构造带及其附近。赵国泽、万战生等（2008，2010）在川滇块体东边界的大凉山次级块体内部也发现了高导层，并认为是青藏高原东边缘带向东南方向挤出作用下形成的"管流"层。同样。结合已有的震源机制研究结果可推知，昭通、莲峰断裂带活动与变形的动力源应是直接来自大凉山次级块体的南东向运动，而间接来自川滇块体的南南东向运动（阚荣举等，1977，1983；成尔林等，1981；闻学泽等，2013）。以上研究结果与我们的 P 波成像结果所显示的低速层（管流层）进入大凉山次级块体内部转向南东方向运动相一致。

因此，我们认为发生在青藏高原东南缘中下地壳物质的塑性流展，为大凉山次级块体内部及其南东缘的莲峰、昭通断裂构造带的构造变形和地震活动提供了深部动力来源，当大凉山块体内部的中下地壳低速层自 NW 向 SE 方向运动到莲峰、昭通断裂带附近时，受到扬子地块的强烈阻挡后向其下方运动，就如同低速层在龙门山断裂带附近受到四川地块阻挡后向下运动相类似，应力在莲峰、昭通断裂附近集中，最终导致该断裂带上的应力突然释放，从而产生了鲁甸 $M_S6.5$ 地震，这正是莲峰、昭通断裂带地震孕育和发生的深部构造环境（图 5.20）。

（3）从区域构造部位和地理位置分析，莲

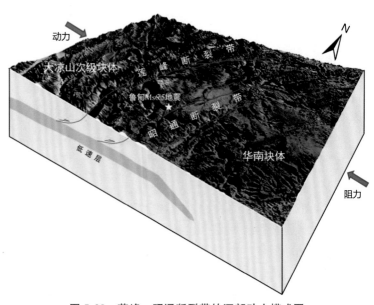

图 5.20 莲峰、昭通断裂带的深部动力模式图

峰、昭通断裂带之于大凉山次级块体，正如龙门山断裂带之于巴颜喀拉块体东缘的松潘—甘孜块体。从地震活动特征分析，2014 年 8 月 3 日鲁甸 $M_S6.5$ 地震之于昭通—鲁甸断裂带，正如 2008 年汶川 $M_S8.0$ 地震、2013 年芦山 $M_S7.0$ 地震之于龙门山断裂带。除此之外，莲峰、昭通断裂带及其周边地区，历史上曾发生过多次强震和中强地震。如 1917 年大关 7¼ 级地震和 1974 年大关 7.1 级地震。从图 5.14 可以看出，近些年来，莲峰、昭通断裂带中强地震活动频繁，除此之外，图 5.14 中还显示了的近代中小地震活动也十分密集，空间分布有一定的不均匀性，绝大多数 3.0 级以上地震发生在昭通断裂、莲峰断裂、金阳断裂和小河沟断裂附近及其所夹持的地区，大部分 1.0～2.9 级微震也发生在上述断裂及其附近地区。

根据野外地质调查工作发现，莲峰断裂和昭通断裂切过一系列山脊和高台地，形成断层垭口、断层槽谷等地貌现象，其中，追索莲峰断裂于永善县水竹乡附近形成一系列断层垭口和断层槽谷地貌（图 5.21），昭通断裂北段于邀集块、赵家垭口一带形成断层槽谷地貌，断层槽谷延伸数百米，甚至 1～2 km 长，偶见有泉眼出露（图 5.22）。

图 5.21　永善县水竹乡一带断错地貌（镜向 SW）

已有研究结果表明，昭通断裂的鲁甸附近段存在异常低 b 值或高应力的断裂段，昭通、莲峰断裂带南、北两个段落业已不同程度闭锁，并且昭通断裂带具有更高的闭锁和应变积累程度（闻学泽等，2013）。根据 10 km 深度处的 P 波速度结构得知，昭通断裂的北段（鲁甸—彝良段）位于高波速异常区内，结合航磁正则化滤波图像发现，鲁甸—彝良段沿着磁力高的正磁条带状异常呈 NE 向展布，表明昭通断裂北段上地壳深度范围内的介质较之南段坚硬，有利于应力的积累。因此，考虑到莲峰、昭通断裂带所处的区域构造位置和地震活动特征，并综合 P 波速度结构、航磁异常分布特征、浅地表断错地貌调查结果、b 值和 GPS 等资料综合分析认为，川滇交界东段的昭通断裂带具备发生强震或大地震的中长期危险背景。我们可以进一步推测，如果总长 40 km、NW330° 走向的包谷垴—小河断裂作为此次鲁甸 $M_S6.5$ 地震的发震构造，那么，总长 130 km、NE30°～40° 走向的昭通断裂震级上限应该不会低于 6.5 级。因此，加强昭通、莲峰断裂带的深部孕震环境研究将有助于研判地震活动趋势和深入理解该区孕震过程及驱动断裂带新构造变形的动力学机制等问题。

图 5.22　昭通断裂北段断错地貌（镜向 NE）

5.4.1　区域地震构造环境

　　2017 年九寨沟 $M_S7.0$ 地震是继 2008 年汶川 $M_S8.0$ 地震和 2013 年芦山 $M_S7.0$ 地震之后，在青藏高原东南缘地区不到十年的时间内发生的第三个震级≥7 级破坏性地震。从区域构造位置来看（图 5.23），九寨沟 7.0 级地震震中位于巴颜喀拉块体东部，处在东昆仑断裂东段和岷江构造带交汇区域，震中及其邻区发育有 NWW 向东昆仑断裂带东段塔藏断裂、NNW 向虎牙断裂和近南北向的岷江断裂，它们不仅作为巴颜喀拉块体北边界断裂和东边界断裂，还在新构造属性上组成了 NWW 向东昆仑断裂带东端向东或东南散开的马尾巴状构造（徐锡伟等，2017）。其中，邻近九寨沟地震震中的东昆仑断裂东段西起于若尔盖盆地北东，向 SEE 方向延伸至岷山以北一带，总体呈反"S"型，具有明显的晚第四纪新活动性，尾端发散呈多支次级断裂，构成马尾状或扫帚状构造样式。位于东昆仑断裂带南侧的岷山构造带主要由近 NS 向岷江断裂带、NNW 向虎牙断裂带和近 EW 向雪山梁子断裂带构成，岷江断裂与虎牙断裂带分别为岷山构造带的西边界与东边界，均为全新世活动断裂，控制了岷山隆起第四纪以来的地貌演化，岷江断裂近些年先后发生过多次强震和大地震，如 1713 年叠溪 7 级地震、1748 年漳腊北 6½ 级地震、1933 年叠溪 7½ 级地震、1938 年松潘 6 级地震、1960 年漳腊 6¾ 级地震，虎牙断裂

1976 年发生两次 7.2 级地震。

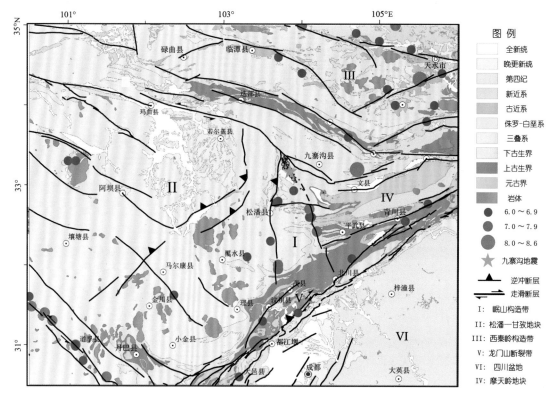

图 5.23 九寨沟震区地震构造背景图

5.4.2 数据和成像方法

九寨沟地震发生后,四川省地震局和甘肃省地震局于九寨沟地震发生当天在震区开始布设流动地震台站,截至 8 月 12 日,震区附近共增加布设了 6 个流动台站。其中,四川省地震局布设了 4 个流动台站(L5110,L5111,L5112 和 L5113,采样率为 100Hz),甘肃省地震局布设了 2 个流动台站(L6201 和 L6202,采样率为 100Hz)。其中,L5110、L5111 和 L5112 采用 CMG-40TDE(2s~50Hz)短周期地震仪,L5113、L6201 和 L6202 采用 GL-PS2(2s~50Hz)短周期地震仪,流动台站的观测数据实时传回四川省地震局(图 5.24)。本研究中,我们收集了九寨沟地震震区及周边区域 300 km 范围内 32 个固定地震台站,除此之外,还收集了中国地震科学台阵探测"南北地震带北段"项目中布设的密集流动地震台阵等共计 35 套观测地震设备记录到的大量地震事件。从图 5.24 中可以看出,九寨沟 7.0 级地震震区及周边的观测台站分布比较密集,地震事件分布不但对研究区形成了较好的方位覆盖,而且保证了地震序列目录的完整性、射线交叉分布密集性以及成像反演的可靠性。

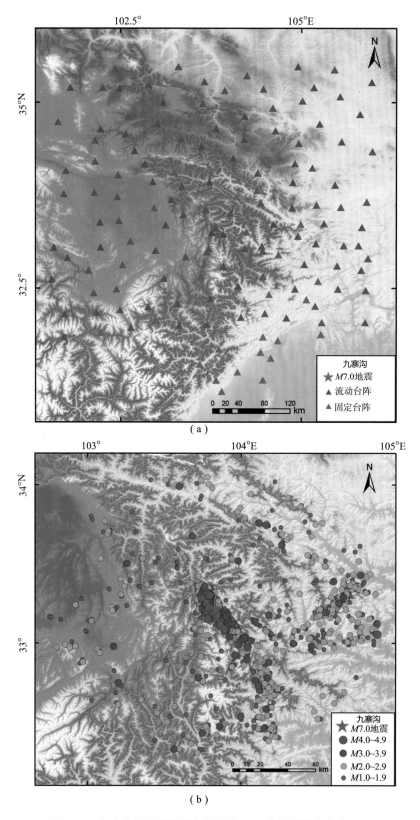

（a）

（b）

图 5.24 九寨沟震区的地震台站分布（a）和地震震中分布（b）

5.4.3 近震走时层析成像

采用了 Zhang 等提出的双差层析成像方法来反演九寨沟震区上地壳 P 波速度结构，根据九寨沟震区地震事件的分布、观测台站位置以及地震射线的覆盖情况对研究区进行了网格模型划分，将研究区域的中心位置（九寨沟震区）水平网格大小划分为 $0.1° \times 0.1°$，边缘部分水平网格为 $0.2° \times 0.2°$，垂向网格节点分别为 0 km、1 km、3 km、6 km、9 km、12 km、15 km 和 18 km。

1）参数选择

在反演过程中，对于阻尼最小二乘问题，成像方法采用了带阻尼的 LSQR 算法（Least Squares QR Factorization），并以总走时残差的 2 范数为目标函数进行迭代和求解方程组。我们利用 L 曲线法进行最优参数值搜索，把平滑因子搜索范围设定在 $1\sim600$，阻尼参数搜索范围设定在 $10\sim1000$，最终，我们选取的最优平滑因子数值为 40，阻尼参数数值为 300（图 5.25），经过 20 次迭代反演，走时残差的均方差从 0.31 s 下降为 0.09 s。图 5.26 为反演前后走时残差统计图。可以看到，反演前走时残差集中在 $-1.5\sim1.5$ s 之间，反演后，残差的分布形态有所变化，开始逐渐向中间收敛，走时残差主要集中在 $-0.5\sim0.5$ s 之间，这说明采用此种方式反演后，所得的速度模型是向着拟合观测数据的方向收敛的。

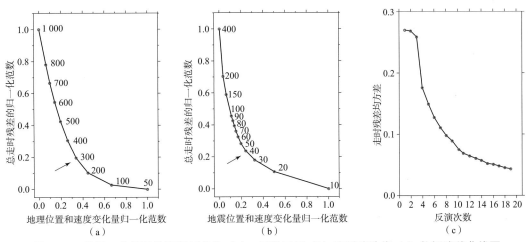

图 5.25 利用 L 曲线法选取阻尼参数（a）、平滑因子（b）和反演迭代（c）数据残差曲线图

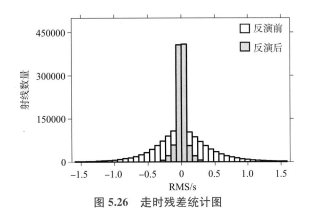

图 5.26 走时残差统计图

2）P 波速度结构

九寨沟震区及周边涵盖了松潘—甘孜地块（SGB）东北部、西秦岭造山带（WQLOZ）南缘、岷山隆起（MSM）和碧口地块（BKB）等部分区域，图 5.27 分别给出了深度为 1~18 km 的三维 P 波速度异常分布图，从图中可以看出，九寨沟震区及其周边地壳 P 波速度结构表现出明显的横向不均匀分布特征，这反映了九寨沟震区中上地壳物质存在显著的横向介质差异。其中，1 km 速度结构图像显示出浅层 P 波速度结构分布与地表地质构造和地层岩性密切相关，松潘—甘孜地块（SGB）东北部的热摩柯—桑日地区和西秦岭造山带（WQLOZ）南端的南坪推覆构造带均处在高波速异常区内，见图 5.27（a），由于松潘—甘孜地块地表主要被三叠纪复理石覆盖，阿坝凹陷地区出露地层主要为三叠系杂谷脑组和侏倭组，背斜轴部有时出露中三叠，西秦岭造山带南端的南坪推覆构造带塔藏—隆康地质剖面东端出露近百米厚的安山质熔结凝灰岩、层凝灰岩，故浅层的高速异常分布与该区地层岩性分布密切相关。岷江断裂和虎牙断裂所挟持的区域为岷山隆起，岷山隆起区的深部速度结构比较复杂，表现为圈闭状或条带状分布特点，东西向展布的雪山断裂以北的区域显示出高低速相间特征。虎牙断裂是岷山隆起的东边界，呈北北西向延伸，该断裂以东为中低山区，夷平面高程在 3200~3500 m 左右，断裂以西为岷山，夷平面高程约在 4200~4500 m，由于虎牙断裂由西向东的逆冲，并将东西两侧的夷平面垂直断错了 1000 m 左右，故虎牙断裂北段的东西两侧分别表现出东低西高的速度特征分布。岷江断裂和塔藏断裂交汇区域以及碧口地块西侧区域均存在明显的圈闭状低速结构，这与跨该区布设的大地电磁反演结果揭示的该区域浅部地壳内存在低电阻率特征相一致。

深度 3 km 速度结构分布图所显示的速度结构特征则更为明显，岷山隆起区内部和南坪推覆构造带的高速异常依旧存在，碧口地块西侧区域低速异常区域逐渐扩大，虎牙断裂北段位于高低速异常的分界线附近，见图 5.27（b）。从 6 km 深度层的图像可以看出，雪山断裂以北的岷山区域的速度结构呈现圈闭状展布特征，虎牙断裂以北的隐伏段则位于高低速分界线附近，碧口地块西侧区域低速异常分布范围逐渐扩大，松潘—甘孜地块（SGB）东北部的和西秦岭造山带南端的南坪推覆构造带均呈现为高低速相间的特征，见图 5.27（c）。9 km 和 12 km 深度图上，九寨沟震区及周边速度异常呈现条带状展布趋势，九寨沟主震的震中位于速度结构发生变化的边界带附近，见图 5.27（d）（e），这种受局部构造控制的介质物性发生变化的边界带可能是强地震孕育和发生的有利部位。随着反演深度的增加，九寨沟震区及周边地壳速度结构分布特征呈现一定的趋势性变化，在 15 km 深度处，松潘—甘孜地块（SGB）东北部的低速异常愈发明显，西秦岭造山带南端的南坪推覆推覆构造带高速异常范围则呈现出扩大的趋势，九寨沟主震的震中依旧位于速度结构发生变化的边界带附近，碧口地块西侧区域开始出现高速异常展布，见图 5.27（f）。在 18 km 深度处，碧口地块西侧区域的高速异常特征更加明显，雪山断裂以北的岷山隆起区域呈现条带状展布的高低速异常，见图 5.27（g）。

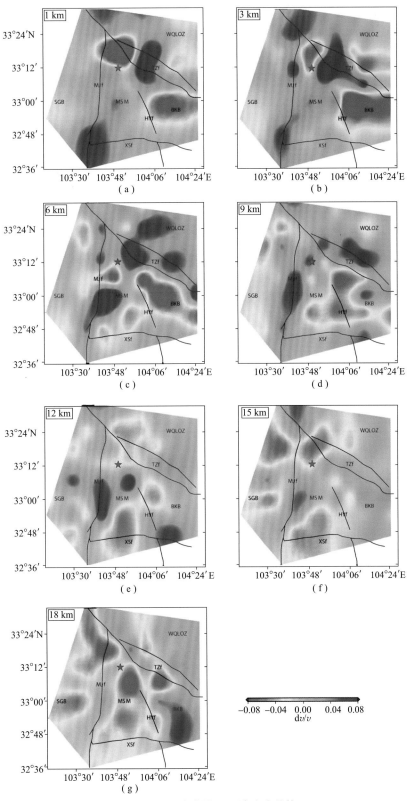

图 5.27　九寨沟震区 P 波速度结构

除了水平速度结构图之外，我们分别给出了 NW—SE 剖面图和穿过九寨沟 M7.0 震区的 SW—NE 剖面图（图 5.28），从 SW—NE 剖面图可以看出，九寨沟 7.0 级地震震区所处的岷山隆起区内部速度结构不均匀性特征差异明显，岷山隆起区以南的松潘—甘孜地块东北部存在明显的壳内低速异常，西秦岭地块南缘的南坪推覆构造带和碧口地块下方中下地壳不存在明显的壳内低速异常带。NW—SE 剖面图则揭示了松潘—甘孜块体东北部的壳内低速层进入岷山隆起区后，向北东运移的过程中，一方面具有向浅部涌动的趋势，另一方面又受到了具有高速性质的南坪推覆构造带和碧口地块的阻挡。

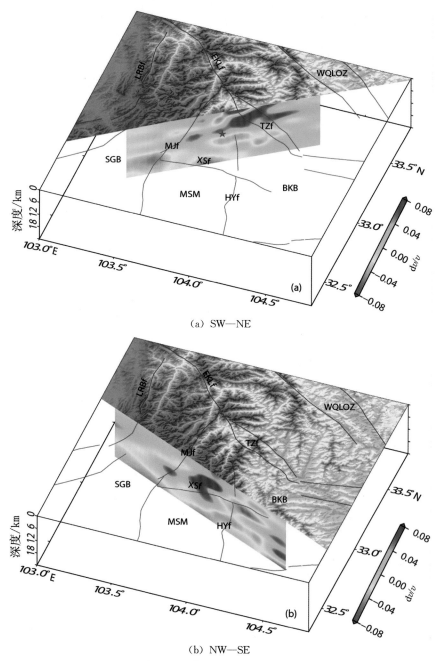

（a）SW—NE

（b）NW—SE

图 5.28　垂直剖面 P 波速度结构图

5.4.4　远震走时层析成像

为了研究九寨沟震区下地壳及地幔 P 波速度结构特征差异，我们选取了远震事件，基于有限频理论开展远震 P 波层析成像工作。在筛选远震事件的时候，我们遵循了以下原则：①远震事件的震中距位于 30°至 90°；②为了保证较高信噪比的地震记录，地震震级 $\geqslant M_S5.0$；③每个地震事件至少有 10 个台站记录。然后，对波形数据进行了去倾斜、去均值、去仪器响应以及带通滤波等一系列预处理工作，滤波采用的频段为 $0.02\sim0.1\text{Hz}$，然后利用波形互相关的方法（Rawlinson N.，2004）来拾取走时残差，共计获取 28944 个 P 波走时数据，有效远震事件为 990 个（图 5.29），从图 5.29 中可以看出，选用的远震事件具有较好的方位角覆盖。

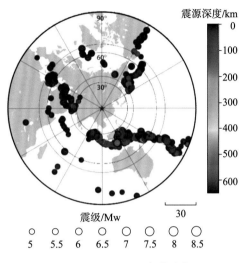

图 5.29　远震事件分布

1）参数选择

为了获取和确定阻尼因子的最佳取值点，一般是通过绘制由不同阻尼因子产生的数据方差和模型方差的"折衷曲线"来评价（Eberhart-Phillips，2006），通过计算我们得到如图 5.30 所示的 Trade-Off 曲线，最终反演计算的阻尼系数 damp 为 40。

图 5.31 为 damp 值为 40 的时候，统计反演前后获得的相对走时残差分布特征。从图中可以看出，在反演之前，走时残差主要集中分布在 $-2.0\sim2.0\text{s}$ 范围内，在反演过后，残差的分布形态有所变化，开始逐渐向中间收敛，主要分布集中于 $-1.0\sim1.0\text{ s}$ 范围内，表明速度模型基本能拟合观测到的相对走时残差，反演结果是收敛的。

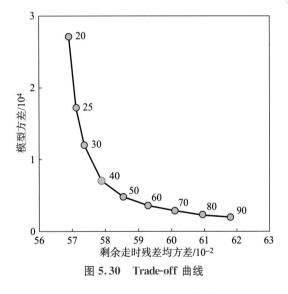

图 5.30　Trade-off 曲线

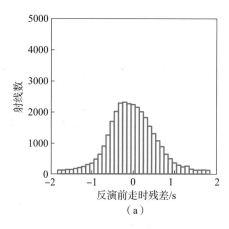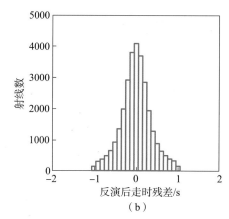

（a）　　　　　　　　　　　　　　　（b）

图 5.31　反演前后走时残差对比图

2）P 波速度结构

反演结果示于图 5.32。50 km 和 150 km 深度的水平速度扰动剖面揭示了巴颜喀拉块体东缘及其邻区壳幔结构具有明显的横向不均匀性和分区特征，这与该区东西显著的地质构造和地形地貌等特征相对应，其中位于松潘—甘孜造山带、西秦岭和祁连山褶皱系的整体速度较低，而研究区东部的四川盆地西北缘和鄂尔多斯盆地南缘则显示了明显的高速异常，除此之外，在鄂尔多斯地块西缘和四川盆地西北缘之间存在近东向西的低速异常带，该低速异常向西延伸，连接到祁连块体下方的低速异常，并自西向东进入摩天岭地块下方，终止于平武—青川断裂附近。200 km 深度上的速度扰动剖面与 250 km 深度的速度异常特征分布大体一致，巴颜喀拉块体东缘的松潘—甘孜褶皱系和秦祁褶皱系仍然表现出大范围的低速异常特征，其中九寨沟震区上地幔深度内显示较为显著的低速异常，四川盆地西北缘和鄂尔多斯盆地南缘高速异常特征明显，青藏高原东北缘大地电磁测深剖面玛沁—兰州—靖边的深部电性结果研究表明（汤吉等，2005），在松潘—甘孜地块、秦祁地块和鄂尔多斯地块下地壳均存在低阻层，祁连地块和西秦岭地块的深部电性结构相似，西秦岭北缘断裂带上地壳的高阻层之下出现了低阻异常，该低阻异常几乎贯穿该区，其深度可达 200 km 左右，该低阻层的展布范围和分布深度与我们 P 波成像所揭示的低速异常成果相符。巴颜喀拉块体东缘及其邻区在 300 km 深度上主要表现为低速异常特征，但在鲜水河断裂带和西秦岭北缘断裂部分区段仍存在较大的速度差异，块体内部也出现了局部圈闭状的高速异常结构，而四川盆地西北缘显示了局部低速异常，高速异常体内部结构相对较为均匀。400 km 至 600 km 深度属于地幔过渡带范围，P 波速度结构表明位于巴颜喀拉块体东缘的松潘—甘孜地块、西秦岭和祁连山地块表现出高、低速异常相间的特征。其中在 400 km 深度范围内的鄂尔多斯盆地南缘整体连续性的高速异常依然存在，表明鄂尔多斯盆地巨厚的岩石圈根。

除了水平速度扰动图之外，我们分别沿着九寨沟震区的不同方向做了切了 4 个垂向速度切片（图 5.33）。垂直速度扰动剖面均显示了四川盆地西北缘和鄂尔多斯地块南缘高速异常特征明显，巴颜喀拉块体东缘的松潘—甘孜地槽褶皱系和秦祁褶皱系表现出大范围的低速异常特征，其中九寨沟震区及周边 50～250 km 上地幔深度范围存在上地幔

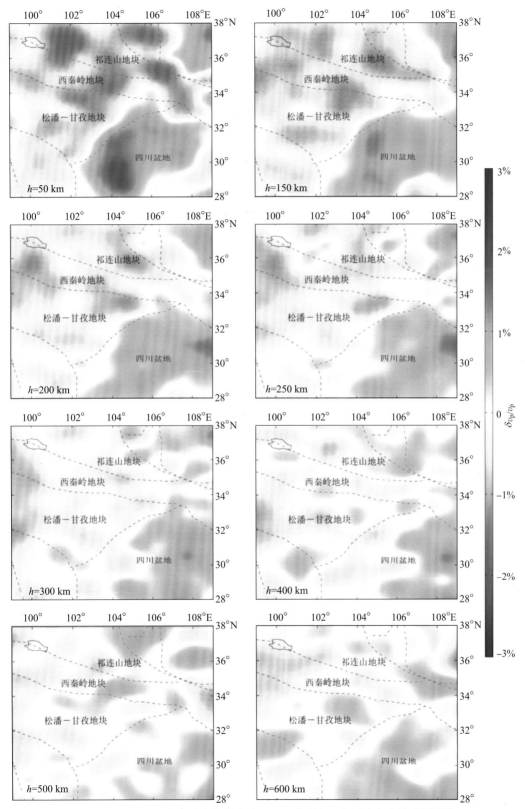

图 5.32 不同深度的 P 波速度扰动结果（图中黑色五角星为九寨沟地震震中）

低速层，该低速异常自下而上一直连通至松潘—甘孜地块的下地壳，在 400 km 深度范围内的鄂尔多斯盆地南缘呈现整体连续性的高速异常，九寨沟 M_S7.0 震区在地幔过渡带深度范围内存在大范围的高速异常分布。

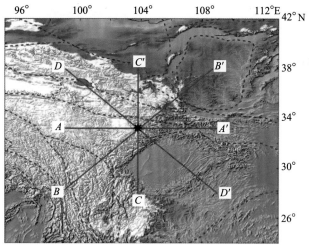

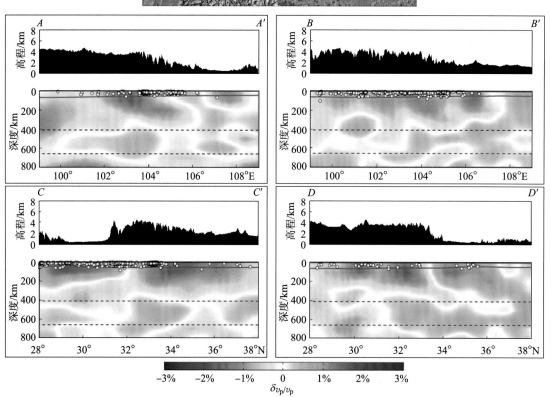

图 5.33　穿过九寨沟主震（星号）震源区的 P 波速度纵剖面位置和解释结果图

5.4.5　结论与讨论

（1）由于九寨沟 M_S7.0 地震震区并未发现同震导致的地表破裂现象，震区地震序列展布特征与深部介质结构及构造背景关系如何，仍是一个值得研究的科学问题。为了进

一步揭示九寨沟 M_S7.0 震区速度结构特征与地震序列分布之间存在的关系,我们绘制了重新定位后的九寨沟地震序列展布图(图 5.34),从图 5.34(a)中可以看出,重新定位后的余震呈 NW—SE 向展布于岷江断裂与塔藏断裂所围限的区域,余震区长轴长约 40 km,主震处于余震带中部,其两侧各有长约 20 km 的余震带,余震带南段地震分布较集中,北段余震分布相对弥散,见图 5.34(b)。沿 NW—SE 长轴走向的震源剖面显示地震序列震源深度的优势分布范围在 5~20 km 之间,序列南北两段在深度分布上也呈现出较明显差异:北段较浅,密集区范围主要集中在 5~10 km 范围内;南段偏深,密集区出现在 10~20 km。垂直长轴走向的不同位置深度剖面显示,位于余震区北段的 A—A′、B—B′ 剖面分布相对较宽,南段的 C—C′ 和 D—D′ 剖面相对较窄,且 4 条横剖面均显示发震构造近乎直立,见图 5.34(c)~(f)。平面及剖面上的分段差异,体现了此次地震发震构造可能也存在分段特征。地震序列分布的另一个重要特点是具有分区特性,即在主震 NNW 方向约 5 km 处存在明显的西北和东南两区余震活动分界线,与震区圈闭状速度异常的分界线位置大体一致。地震序列分布的分区特征,也说明了九寨沟震区的地壳结构存在明显的不均匀性。

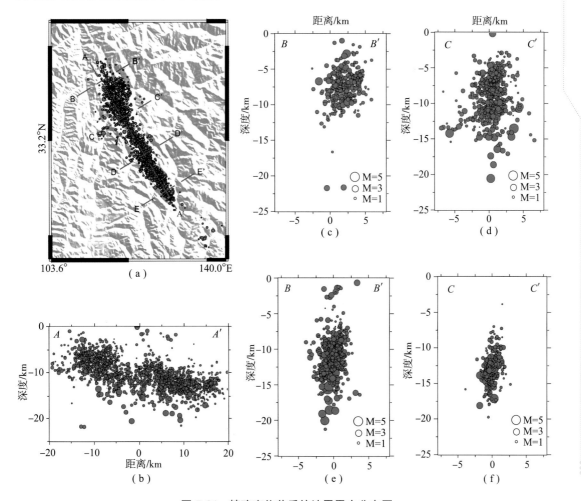

图 5.34　精确定位前后的地震震中分布图

（2）青藏高原东缘松潘—甘孜地块壳内弱物质在印度板块的持续北向推挤作用下东向挤出（Tapponnier et al.，1982），在东北部和东南部分别受到刚性的鄂尔多斯块体和四川盆地的阻挡，物质的运移方向发生转折而呈现旋转特征，并在转折区域不断积累应变能，当达到介质强度极限时发生破裂引发强震。此次九寨沟 M_S7.0 地震震区北靠塔藏断裂带，正好处于走滑和逆冲的转换地带，其孕震背景受到了该区域地壳中下部物质流动的影响（徐锡伟等，2017；谢祖军等，2017）。三维 P 波速度结构揭示了松潘—甘孜块体东北部的壳内低速层进入岷山隆起区后，在向北东运移的过程中，一方面具有向浅部涌动的趋势，另一方面又受到了具有高速性质的碧口地块的阻挡。同样，三维深部电性结构反演结果也揭示了岷山隆起区壳内低阻层的存在，其埋深从松潘—甘孜地块到岷山隆起具有逐渐变浅的趋势，指示其有向北东方向浅部涌动的运动态势（Sun et al.，2020）。

（3）松潘—甘孜地槽褶皱系和秦祁褶皱系表现出大范围的低速异常特征，其中九寨沟震区及周边 50～250 km 上地幔深度范围存在上地幔低速层，该低速异常自下而上一直连通至松潘—甘孜地块的下地壳（图 5.33），据此我们推测其可能是地幔物质上涌的证据，松潘—甘孜地块的抬升应与地幔物质的上涌有关。而研究区东部的鄂尔多斯块体南缘和四川盆地西北缘均表现出克拉通块体具备的高波速和高力学强度等特征，鄂尔多斯块体内部至今尚未发现有火山、岩浆的侵入活动，属于保存比较完好的克拉通块体。位于扬子准地台西缘的四川盆地表现出明显的大范围的高速异常，表明了作为晋宁旋回固化的稳定克拉通的扬子陆块处于相对稳定的状态，四川台拗为龙门山构造带前渊的一个中新生代前陆盆地，具有稳定的结晶基底与沉积盖层二元结构（李永华等，2006；嘉世旭等，2008，2017）。研究区东部的特有的高速异常结构特征也表明了这些地质上稳定的构造块体具有巨厚的岩石圈根，由于青藏东北缘秦祁褶皱系和松潘—甘孜褶皱系下方 50～250 km 深度上具有显著的低速异常可能是热的软流圈物质上涌引起。由于受到青藏高原强烈隆升和高原地壳物质向东蠕散的影响，下地壳低速层的存在有利于应力在其上方的脆性地壳内集中（李大虎等，2015），这正是松潘—甘孜褶皱带的重要边界断裂——岷江断裂和巴颜喀拉块体边界断裂发生强烈地震的深部地球物理条件。巴颜喀拉块体向东运移时受到高波速、高强度的扬子克拉通块体对青藏高原物质的东向挤出的强烈阻挡，在东昆仑断裂塔藏段和岷江断裂北段交汇处附近所积累的应力突然释放，产生九寨沟 7.0 级地震。

5.5　2019 年 6 月 17 日长宁 M_S6.0 地震

5.5.1　区域地震构造环境

据中国国家地震台网（CENC）测定，北京时间 2019 年 6 月 17 日 22 时 55 分，四川省宜宾市长宁县发生 M_S6.0 地震（28.34°N，104.90°E），地震震中位于长宁县双河镇。本次长宁地震序列相对较为活跃，在震后第18天的7月4日，震区附近西北侧又发生了5.6级强震，截止到2019年7月8日23时，四川测震台网共记录到$M_L \geq 0.0$地震5030次。其中，0.0～0.9级2139次，1.0～1.9级2303次，2.0～2.9级473次，3.0～3.9级89次，4.0～4.9级19次，5.0～5.9级6次，6.0～6.9级1次，序列最大余震为7月4日珙县$M_S5.6$地震。

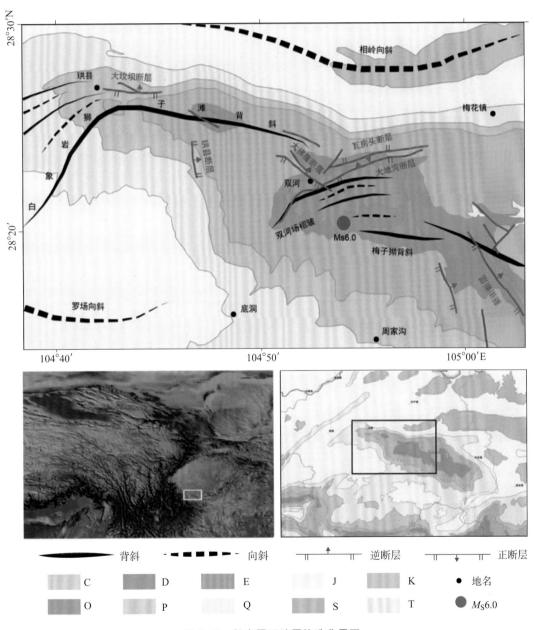

图 5.35　长宁震区地震构造背景图

从区域构造位置来看图5.25，长宁$M_S6.0$地震震中位于长宁—双河大背斜展布区，长宁—双河大背斜是由一系列相间分布的向斜和背斜组成的复杂构造带，该地区的褶皱构造往往同时伴生有断层或者存在隐伏的地腹构造，双河背斜、梅子坳背斜、白象岩—狮子滩背斜、腾龙背斜和巡场背斜等均表现出明显的弧形几何构造特征，白象岩—狮子滩背斜主要表现为向 NW 凸出的弧形特征，而巡场西侧发育的一些褶皱构造表现出一端发散，另一端较为收敛的帚状展布特征（王玉满等，2016；常祖峰等，2019）。双河背斜东南始于叙永地区，向北西经过珙县延伸至高县附近，该背斜轴部的总体走向为NW—SE，西端转为近 EW 向，背斜北西翼较陡，倾角约 40°～60°，南东翼较缓，倾角约 17°～32°，背斜核部出露比较古老的寒武系地层，自内向外依次出露奥陶系（O）、志留系（S）、二叠系（P）、三叠系（T）、侏罗系（J）和白垩系（K）等地层。作为复式背斜的长宁背斜核部地区又发育着一系列的逆冲断层，主要断层往往与褶皱相互伴生，多呈现出高角度逆断层的性质。长宁 $M_S6.0$ 震区地表断裂比较集中，如双河附近就发育着大地湾断层、瓦房头断层和大佛崖断层等。其中，大佛崖断层总体走向为 NW，倾向NE，倾角约 60°，逆冲性质；大地湾断层总体呈现出 NEE 走向，地表见其发育于古生界之中，倾向 NW，倾角 79°，该断层被 NW 向大佛崖断层横切；瓦房头断层走向为NEE 向，倾向 SE，倾角近于直立（四川省地质局第一区测队六分队，1973；四川省地质局，1976；宜宾市防震减灾局，2014）。

5.5.2 P 波速度结构

1）观测数据及成像方法

由于长宁 6.0 级地震发生在川东南地震监测能力良好的区域，200 km 范围内有 35个测震台（含宜宾长宁小孔径观测台阵），其中 100 km 范围内有 19 个测震台，距离本次地震序列最近的台站为汉王山固定台（HWS），震中距约 27 km，地震监测能力在宜宾地区可达到 $M_L0.5$ 级，因此，充分收集川东南宜宾长宁 $M_S6.0$ 地震震源区及其周边范围内大量的地震观测资料，具体包括来自四川省数字测震固定台网、宜宾市地方测震台网以及 2016 年以后宜宾地区新增流动小孔径观测台阵等共计 35 套观测地震设备（图5.36（a））记录到的大量地震事件的 P 波到时数据（图 5.36（b）），从图中可以看出，长宁 6.0 级地震震中以西的观测台站分布比较密集，事件分布不但对研究区形成了较好的方位覆盖，而且保证了地震序列目录的完整性、射线交叉分布密集性以及成像反演的可靠性。采用了 Zhang 和 Thurber（2003，2006）提出的双差层析成像方法来反演长宁震区三维 P 波速度结构，我们筛选出了 17126 个地震共计 95312 条绝对到时数据和1519964 条相对到时数据用于联合反演。根据长宁震区地震事件的分布、观测台站位置以及地震射线的覆盖情况对研究区进行了网格模型划分，将研究区域的中心位置（长宁震区）水平网格大小划分为 0.1°×0.1°，边缘部分水平网格为 0.2°×0.2°，垂向网格节点分别为 0 km、2 km、4 km、6 km、8 km 和 10 km，采用 Lei et al.（2017）的地壳速度模型建立研究区一维 P 波初始速度模型。

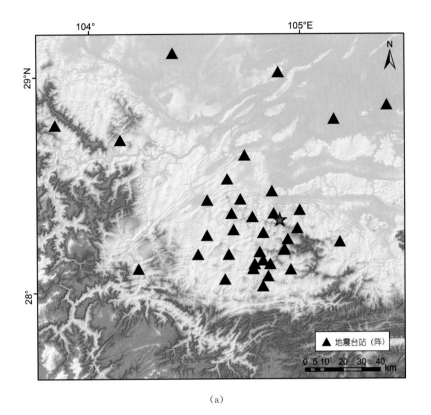

（a）

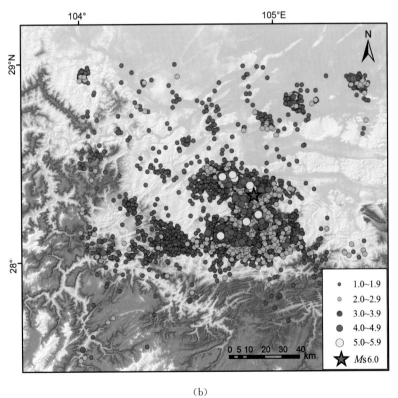

（b）

图 5.36　长宁震区的地震台站分布（a）和地震震中分布（b）

在反演计算之前，我们在地震 P 波到时数据预处理的阶段进行了严格的筛选工作，只选取地震观测报告中 $M_L \geqslant 1.0$ 的地震事件且利用震相走时和震中距的关系曲线对震相到时数据进行了控制，剔除走时曲线中个别离散程度较大的震相，最终确保每个地震事件至少有 5 个台站记录到 P 波到时数据（图 5.37）。2019 年 6 月 17 日，长宁 $M_S6.0$ 地震发生后的几天时间内又连续发生 4 次 $M_S5.0$ 以上的中强震以及一系列小震，该地震序列主要位于主震的北西侧区域，沿着长宁—狮子滩大背斜排列展布，长宁震区及周边发生的大量地震事件以及密集的射线交叉分布，为反演震区速度结构奠定了较好的数据基础（图 5.38）。

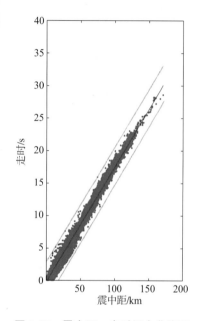

图 5.37　震中距—走时拟合曲线图

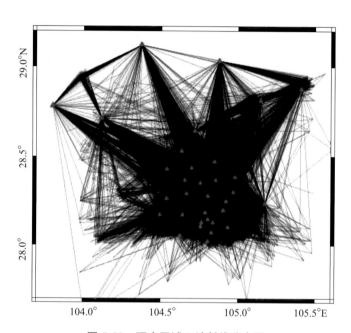

图 5.38　研究区域 P 波射线分布图

2）参数选择

在反演过程中，对于阻尼最小二乘问题，成像方法采用了带阻尼的 LSQR 算法（Least Squares QR Factorization），并以总走时残差的 2 范数为目标函数进行迭代和求解方程组（Zhang and Thurber，2003）。成像过程之中慢度的变化量用光滑因子来约束，地震位置和慢度的变化量用阻尼因子来约束，由于反演结果的稳定性很大程度上受到平滑因子和阻尼参数的大小的影响，所以在反演前，对不同阻尼参数和平滑因子的数值大小进行权衡分析就显得尤为重要（Eberhart-Phillips，1986，1993；Ma et al.，2016），建立模型方差与数据方差均衡曲线来保证反演结果的稳定性，最终选取数据方差明显降低且满足模型方差变化较小时所对应的参数组合为最优数值进行反演。我们利用 L 曲线法进行最优参数值搜索（Hansen，1992；Hansen and O'Leary，1993），把平滑因子搜索范围设定在 1～600，阻尼参数搜索范围设定在 10～1000，最终，选取的最优平滑因子数值为 40，阻尼参数数值为 300（图 5.39），经过 20 次迭代反演，走时残差的均方差从 0.31 s 下降为 0.09 s。

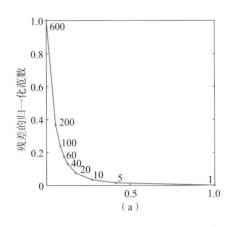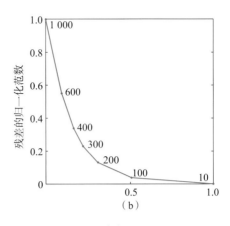

图 5.39　利用 L 曲线法选取平滑因子（a）和阻尼参数（b）

3）检测板测试

采用棋盘格测试方法来检验速度结构反演的可靠性及空间分辨能力（Spa kman et al.，1993），即先在初始模型中加入正负相间的速度扰动值生成棋盘模型并计算理论走时，再进行初始模型和理论走时数据反演，最后综合评价反演结果对棋盘模型的恢复程度，扰动恢复程度较好的区域说明反演结果可靠。根据网格划分大小和±3％速度扰动值的棋盘模型正演计算理论走时，再结合实际初始模型进行反演计算，经过不同深度的棋盘格测试结果显示，不同深度范围层处于研究区中心的长宁震区及附近恢复较好，层析成像结果可达到 0.1°×0.1°的分辨率（图 5.40），这主要是由于长宁震区附近集中分布的序列事件以及大量地震射线主要分布在浅部上地壳，从而使数据的分辨能力得到了较大的提高。

4）速度结构特征

0 km 速度结构分布图显示双河背斜及其东部处在高波速异常区内，且长宁—双河大背斜的展布形态与高波速异常区分布范围大体一致，腾龙背斜和芭蕉滩断层等构造限制住了高速异常前缘继续向西侧扩展的趋势，见图 5.41（a）。由于长宁—双河大背斜东南起于叙永地区，向西北穿过珙县至高县地区，该背斜核部出露寒武系，外围依次出露奥陶系、志留系、二叠系、三叠系等古老地层，故这种古老岩性分布特点与高速异常分布特征密切相关。而长宁震区南北侧所处的川东盆岭区整体性好，第四纪以来一直处于剥蚀状态，抬升幅度小于 500 m，表现为丘陵、低山相间分布的地貌类型，如建武向斜和相岭向斜等地较为宽缓，形成较开阔的山间丘陵谷地，平均海拔 300～500 m，故在 P 波速度结构图中表现出低速异常的分布特征。2 km 深度层上的速度结构特征则更为明显，双河场褶皱及其东侧区域的高速异常特征明显，见图 5.41（b），震区北西侧在大佛崖附近存在低速异常分布，该处浅部低速异常区可能与流体存在有关。建武向斜的核部出露中侏罗统沙溪庙组地层，且地层产状比较平缓，表现出圈闭状或条带状的低速异常展布特征。

4 km 深度处长宁震区及其周边上地壳速度结构依然呈现出明显的横向不均匀分布特征，震区双河场褶皱以及该褶皱构造地表出露的大地湾断层和 NW 向大佛崖断层两侧

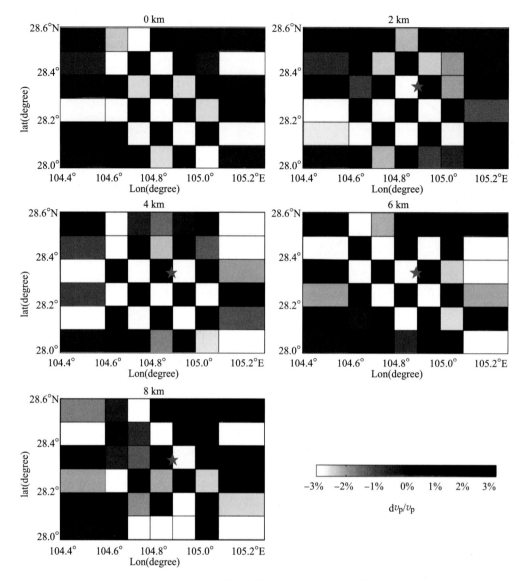

图 5.40　不同深度棋盘格分辨率测试结果

速度结构特征各异，见图 5.41（c）。其中，中低速异常主要分布在震区北侧，而高速异常则分布在震区以东。随着反演深度的增加，震区及周边上地壳速度结构分布特征呈现一定的趋势性变化，6 km 深度处的长宁震区及周边速度异常分布形态和展布范围均有所改变，长宁震区向北凸出的弧形构造白象岩—狮子滩背斜作为高低速异常区分界线逐渐清晰，该异常西边界被芭蕉湾断层限制住了其继续西扩的范围，米滩子背斜、筠连鼻状背斜和巡司场鼻状背斜也处于高波速异常区内。相岭向斜延伸一带的低速异常仍然存在，并呈现出近 EW 向的展布特征，而建武向斜至长官司—叙永向斜区域的低速异常特征愈发明显，且该异常前缘向北东扩展至凤凰山背斜附近，而震区以东双河—富兴一带均仍位于高速区内，见图 5.41（d）。

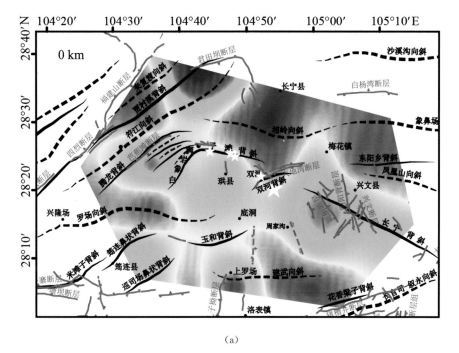

(a)

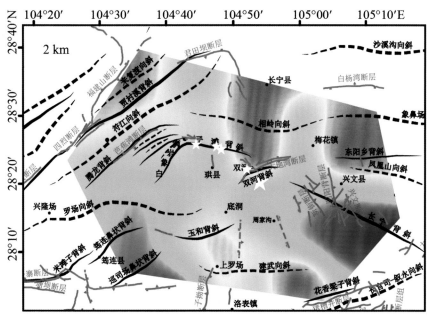

(b)

图 5.41 不同深度 P 波速度结构图

（图中红线为区内主要断裂，不同大小白色星号分别代表长宁 $M_S6.0$ 主震和 4 次 5.0 级以上地震）

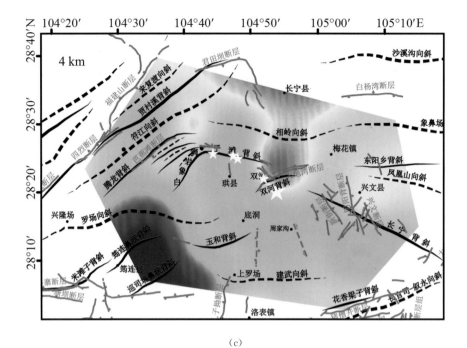

（c）

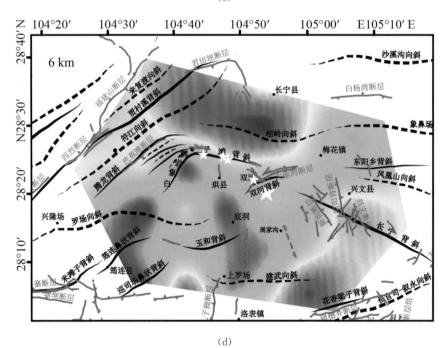

（d）

图 5.41（续图 1）

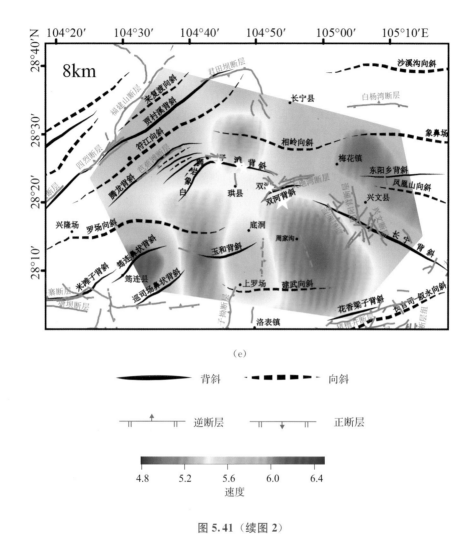

（e）

━━━━━ 背斜   ╌╌╌╌ 向斜

┤┤┤┤┤↑ 逆断层   ┤┤┤┤┤↓ 正断层

4.8   5.2   5.6   6.0   6.4
速度

图 5.41（续图 2）

从图 5.41（续图 2）中 8 km 深度层图像可以看出，部分速度异常体的形态和范围有所改变，震区以东的东阳场背斜和凤凰山向斜均位于高波速区内，见图 5.41（e），该高速异常分布特征应与板溪群基底岩性分布密切相关。值得注意的是，长宁—双河大背斜内部则出现了明显的大范围低速异常分布特征，具体分析该深度层低速异常展布的原因，应该与长宁背斜基底存在滑脱层有关，滑脱层作为一个偏塑性、易发生形变的软弱区域，导致应力容易在其上部的脆性地层中积累，也正是由于低速滑脱层的存在，使得长宁震区的双河场褶皱附近存在不一样的深浅构造背景，基底内滑脱层横向变化较大且控制了浅部隔槽式褶皱的发育。结合易桂喜等（2019）研究给出的长宁地震序列 16 次 $M_L \geqslant 3.6$ 地震的震源矩心深度在 1～7 km 范围，揭示本次长宁地震序列发生在上地壳浅部，因此，综合推测出该长宁地震序列基本上都发生在该滑脱层之上。同样，长宁地震科考基于远震接收函数 CCP 成像构建的一条自 SW 至 NE 的二维剖面结果，揭示长宁背斜深部存在一层软弱拆离构造，并推测该拆离带控制了区域褶皱的变形和演化。

5.5.3 航磁异常特征

我们对航磁数据进行反演，得到了 3～10 km 深度处的视磁化强度特征图（图5.42），其中，在深度 3 km 处长宁—双河大背斜地区总体位于视磁化强度较高区域，同时存在一条近 EW 向穿过筠连的低磁异常条带，深度 6 km 处视磁化强度变化趋势较3 km 深度更为明显，且范围进一步增大，磁化强度却有所增加，长宁—双河大背斜地区依旧位于视磁化强度较高区域，筠连以西和威信以东区域的低磁异常区域扩大。8 km深度层图像可以看出，部分航磁异常体的形态和范围有所改变，震区以东均位于强磁性异常区内，该高磁异常分布特征应与板溪群基底岩性分布密切相关。在 10 km 深度处长宁—双河大背斜高磁异常特征仍存在，该航磁异常梯度平缓、范围很大且磁场强度背景降低，反映了长宁—双河大背斜基底的航磁特征。

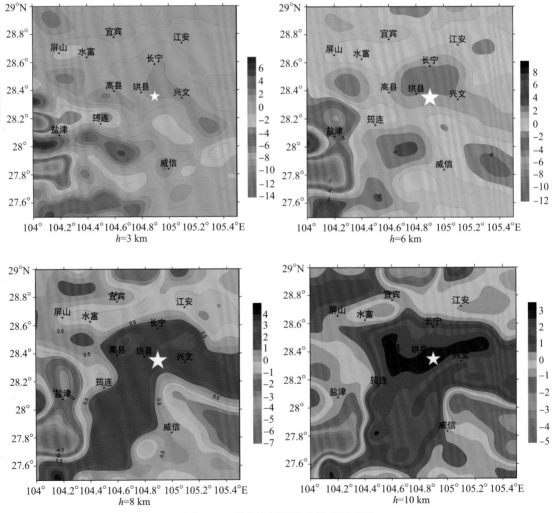

图 5.42 长宁震区视磁化强度反演图

5.5.4 结论与讨论

（1）为了进一步揭示长宁 M6.0 震区速度结构特征与地震序列分布之间存在的关系，我们绘制了重新定位后的长宁地震序列分布图（图 5.43），从图中可以看出该序列优势展布方向总体上沿着 NW—SE 向的长宁背斜核部排列，6 月 17 日发生的长宁 6.0 级地震处在序列的东南侧的双河场褶皱区，随后发生的珙县 5.1 级地震、长宁 5.3 级地震、珙县 5.4 级地震和珙县 5.6 级地震以及大量中小地震事件均处在长宁 6.0 级地震的西北侧，其中 6 月 22 日 5.4 和 7 月 4 日 5.6 级地震发生在白象岩—狮子滩背斜区，NW 走向的大佛崖断层附近也存在大量中小地震事件展布。如剖面 C—C′ 所示，长宁地震序列的震源深度也呈现出一定的变化趋势，且自东南向北西逐渐变深，如剖面 A—A′ 所揭示的剖面线两侧地震事件深度较剖面 B—B′ 所揭示的事件深度浅，统计分析地震序列的震源深度分布特征还可发现，长宁 6.0 级地震序列的震源深度优势分布层位主要集中在 0~10 km，平均深度为仅 4.82 km，震源深度大于 5 km 以上的地震绝大多数均发生在珙县 5.1 级地震及其西侧，地震序列总体上主要还是发生在浅部上地壳范围内。然而，由于长宁 M6.0 地震震区历史上并无致灾型的强震记录和宏观震害表现记录，震区地震序列展布特征与深部介质结构及构造背景关系如何，仍是一个值得研究的科学问题。

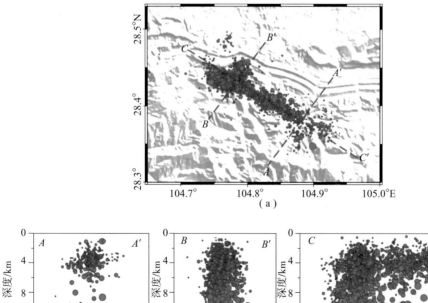

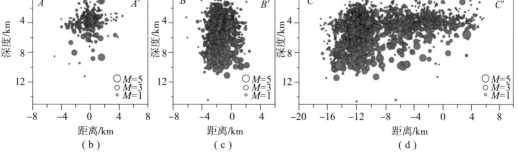

图 5.43 精定位后的地震中分布和沿 A—A′、B—B′、C—C′ 剖面震源深度分布图

（a）定位后震中分布图；（b）A—A′ 剖面；（c）B—B′ 剖面；（d）C—C′ 剖面

综合三维 P 波速度结构（图 5.41）和地震序列展布（图 5.43）研究结果可以看出，长宁 $M_S6.0$ 地震序列的空间分布特征与震区上地壳介质速度结构存在密切关系。其中，0 km 速度结构图表明长宁震区双河场褶皱附近北西向大佛崖断裂以及白象岩—狮子滩背斜两侧介质的速度特征具有明显差异，也说明了震区东西两侧沉积地层物性存在一定差异，且这一特征在 2 km 深度图上依旧存在，地震序列大体上沿着高低速异常分界线 NW—SE 向分布，并终止于白象岩—狮子滩背斜构造附近，双河场褶皱及其以东区域的高速异常特征明显，且长宁—双河大背斜的展布形态与高波速异常区分布范围大体一致。4 km 和 6 km 深度的速度结构图显示了长宁 $M_S6.0$ 地震发生在高低速异常分界线附近（图 5.43），而长宁震区附近以东双河—富兴以及东坝鼻状背斜一带仍位于高波速区内。

P 波速度结构揭示了长宁震区附近及双河场褶皱东侧高速体的存在，从而限制了地震序列的继续北东向扩展，使得序列大体上沿着高低速异常分界线呈 NW—SE 向展布，并终止于白象岩—狮子滩背斜构造东段附近。因此，长宁 $M6.0$ 地震震区及周边介质速度结构的非均匀分布特征是控制长宁地震及其序列展布形态的深部构造因素。

（2）四川盆地川东南地区发育一系列规模不大的背斜构造，断裂构造往往发育于背斜的轴部或陡翼，背斜构造的成因与断层的弯曲扩展具有密切的成因联系，控制了一系列 5 级左右中强地震的发生（张岳桥等，2011；王适择，2014）。据史料记载以来，川东南地区仅发生过十余次中强地震（4.7～5¾级），最大地震为 1896 年富顺 5¾级地震，迄今尚未有 6 级以上强震记载。自 1985 年以来，四川盆地曾先后发生过数次中强地震，如 1985 年自贡 4.8 级地震、1989 年江北统景 4.7 级、5.3 级地震，1936 年长宁东北侧江安 5.0 级地震，1996 年宜宾永兴 5.4 级地震，以及 1997 年荣昌 4.9 级地震等，且这些中强地震一般都发生在背斜构造的轴部或陡翼。

近些年来，川东南地区地震活动强度及频度均高于以往，相继发生了 2010 年长宁 $M_S4.6$ 地震、2013 年长宁 $M_S4.8$ 地震、2017 年筠连乐义 $M_S4.9$ 地震、珙县 $M_S4.9$ 地震、2018 年兴文 $M_S5.7$ 地震和 2019 年珙县 $M_S5.3$ 地震等。已有研究结果表明，发生于四川盆地 5.0 级左右中强地震通常发生在具有的背斜构造部位，与断层弯曲背斜或断层扩展背斜成因上存在一定的联系，地表背斜构造通常认为是 5～6 级左右地震危险源的标志（钱洪等，1992）。已有研究推测本次长宁 $M6.0$ 地震序列的发生，可能与长宁—双河复式大背斜中双河场褶皱伴生断层以及白象岩—狮子滩背斜构造的活动有关，长宁 $M6.0$ 地震触发白象岩—狮子滩背斜伴生断层活动，导致了随后一系列地震（珙县 5.1 级地震、长宁 5.3 级地震、珙县 5.4 级地震和珙县 5.6 级地震）的发生。然而，究竟是什么深部因素或边界条件驱动构造活动的动力背景尚不清楚，据长宁地震震后野外地面地震地质调查科考工作，发现双河镇与珙县之间的山区有很多与边坡相关的地表裂缝，主要表现为滑坡体后缘的张裂缝以及水泥路面基础塌陷裂缝等，但并未发现本次地震的同震地表破裂，加之此次长宁地震发生在浅部的上地壳内，震源浅，造成了大量的人员伤亡和社会经济损失，因此，研究长宁 $M_S6.0$ 地震震区的上地壳速度结构对揭示其深部孕震环境、分析发震构造及减轻地震灾害风险等都具有重要的现实意义。

（3）长宁 $M_S6.0$ 震区的三维 P 波速度结构显示震区沉积盖层的物性特征分异明显。

由于震区褶皱构造和伴生断裂发育，褶皱的轴向和断裂的走向存在着明显的差异性，以华蓥山断裂为界，靠近该断裂的褶皱构造轴向主要呈 NE 向，而往东的褶皱构造轴向比较复杂，呈 EW 向、NE 向和 NW 向，甚至局部呈弧形产出。东侧褶皱构造的伴生断裂走向也表现出多样性，有 NW 走向、NE 走向、SN 走向和近 EW 走向，这也表明除了受区域性构造运动的影响之外，长宁震区局部构造的差异性活动也较为突出。长宁大背斜就是由白象岩—狮子滩背斜、双河场背斜、梅子拗背斜、长宁背斜等多个次级褶皱构造组成，由于局部构造差异活动，次级褶皱构造的轴向并不一致，震区深浅构造的耦合也存在明显差异。长宁背斜所在位置沉积盖层中存在高速异常分布，异常体西边界位于双河场背斜和梅子拗背斜附近。而长宁背斜轴向为 NW 向，双河场背斜和梅子拗背斜的轴向则呈 EW—NE 向，它们的轴向并不一致，这表明了该高速异常体的存在可能受局部构造活动的控制。除此之外，双河场背斜周缘的速度结构与其东侧的存在明显的差异性，这种差异与局部构造的特征亦存在着相关性。因此，长宁 M6.0 地震震区局部构造的差异活动，不仅造成了褶皱构造轴向和伴生断裂走向的变化多样，也造成了震区深浅构造耦合和沉积盖层的物性特征存在明显的差异。长宁 M6.0 地震震中位于速度结构发生变化的边界带附近，因此我们推测该地震是震区局部构造活动的结果，而且这种受局部构造控制的介质物性发生变化的边界带可能是中强地震孕育和发生的有利部位。

（4）长宁 6.0 级地震震区位于青藏高原东缘四川盆地的川东南地区，该区基底主要由一套巨厚的沉积变质碎屑岩夹碳酸盐岩与火山碎屑的复理式建造所组成，属低密度塑性基底结构，埋深一般为 7～9 km（赵从俊等，1989；高金尉，2012）。结合 P 波速度结构 8 km 深度图可以看出，长宁—双河大背斜内部包括震区附近则出现了明显的大范围低速异常分布特征，我们推测该深度低速异常应与长宁背斜塑性基底内的滑脱层有关。滑脱层作为一个偏塑性、易发生形变的软弱区域，导致应力容易在其上部地层中积累，该低速滑脱层在区域构造运动中也起着重要的作用，作为难于积累应变能的塑性软弱层，容易将应力传递给上部地层物质。长宁 M6.0 地震之后，中国地震局地球物理研究所牵头实施了四川长宁 6.0 级地震科学考察工作，流动地震观测台阵第一科考组通过布设密集台阵记录并采用接收函数成像方法揭示了在盖层底部和基底浅部（约 5～10 km）存在明显的软弱层（四川长宁 6.0 级地震科学考察报告，2019）。

综上，长宁 $M_S6.0$ 地震及其序列绝大部分发生基底滑脱带之上，应力容易在其上部地层中积累，长宁 6.0 级震中位于双河场褶皱核部，背斜构造的轴部往往又是构造应力容易集中的地带，且震区附近还存在较多改造背斜构造的顺层或切层的断裂。由于受到区域 NE—SW 向主压应力和经华蓥山构造带传递而来的 NW—SE 向的现今应力场的共同作用，导致了此次长宁 6.0 级地震的发生，而随后发生的珙县 5.1 级地震、长宁 5.3 级地震、珙县 5.4 级地震和珙县 5.6 级地震以及大量中小地震事件均受到了长宁 6.0 级地震的触发作用而相继发生。

5.6 2021 年 5 月 21 日漾濞 M_S6.4 地震

5.6.1 区域地震构造环境

北京时间 2021 年 5 月 21 日 21 时 48 分 35.4 秒，云南省大理白族自治州漾濞彝族自治县发生了 M_S6.4 地震（25.67°N，99.87°E），本次漾濞地震序列相对较为活跃，截止到 2021 年 5 月 22 日 08 时，云南测震台网共记录到 $M_L \geqslant 0.0$ 地震 2368 次。其中，$M_L <$ 2.0 级 2303 次，M_L2.0～2.9 地震 34 次，M_L3.0～3.9 地震 18 次，M_L4.0～4.9 地震 9 次，M_S5.0～5.9 地震 3 次，M_S6.0～6.9 地震 1 次，序列最大地震为 5 月 21 日 6.4 级主震。据初步统计，截至 22 日 6 时，云南漾濞 6.4 级地震致死伤 30 人。

漾濞 M_S6.4 地震震区位于滇西地区（图 5.44），从区域构造位置来看，滇西地区地处青藏高原东南缘，是扬子地块、松潘—甘孜褶皱系、兰坪—思茅褶皱系的交汇区域，使得该区具备了复杂的地震构造环境和频发的地震活动特征（白志明和王椿镛，2003；白志明等 2004）。漾濞震区深大断裂带纵横交错，地形与深部构造十分复杂，震区主体由一系列褶皱带彼此交错、连接，反映出错综复杂的构造特征，发育众多规模不等的断

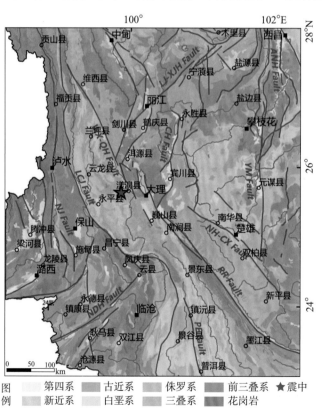

图 5.44 漾濞 M_S6.4 地震震区地震构造背景图

陷盆地。漾濞震区及周边区域断裂主要呈近 SN 向或 NE、NW 向展布，包括 SN 向的怒江断裂、澜沧江断裂、程海断裂，NE 向的小金河—丽江断裂和南汀河断裂，以及 NW 向的金沙断裂和红河断裂等，滇西地区被纵横交错的边界断裂划分为若干块体，如保山块体、腾冲块体、兰坪—思茅块体和滇中次级块体等构造单元（苏有锦等，1999；徐涛等，2015）。近些年来，滇西地区的地震活动性较强，中强地震时有发生，此次漾濞 $M_S6.4$ 地震的发生，使得滇西地区内部及边界断裂带的深部孕震环境和潜在地震危险背景再次引起国内外地学工作者和地震学家们的关注。

5.6.2 P 波速度结构

2021 年 5 月 21 日漾濞 $M_S6.4$ 地震及其序列主要发生在维西—乔后—巍山断裂西南侧，由于震区构造较为复杂且震后的地震现场科考并未发现同震地表破裂现象，鉴于此，我们重点剖析和研究云南漾濞 $M_S6.4$ 地震震区及其周边区域的三维 P 波速度结构。图 5.45 给出了漾濞震区及周边地壳 1～50 km 范围内的三维 P 波速度异常分布图，可以看出漾濞震区及其周边三维壳内 P 波结构横向不均匀展布，说明了震区地壳物质存在显著的横向差异。

1 km 速度结构分布图可以看出，$M_S6.4$ 漾濞震区及周边表现为不同规模的高低速相间的分区特征，其中低速异常主要分布震区以南的维西、剑川、洱源等第四纪盆地，腾冲地区也表现为低速异常分布特征，以往研究结果表明腾冲地区浅层的地壳结构低速特征明显（曹令敏等，2013）。漾濞震区北侧的兰坪—云龙地区，区域地质资料显示兰坪盆地沉积地层主要为三叠系、白垩系和侏罗系等海相地层，故高速异常与这些地层岩性关系密切。位于滇中块体内部的攀枝花构造带高速异常较为显著。漾濞 $M_S6.4$ 震区西南侧的保山—施甸区域表现为高速异常分布，根据区域地质资料显示，该区域内广泛出露前海西期、海西-印支期、燕山期和喜马拉雅期花岗岩类岩石（陈福坤等，2006；董美玲，2016），推测这些中高阻体可能与花岗岩类存在有关。我们的反演结果也得到了盈江—姚安宽频大地电磁反演结果的证实（于常青等，2017），且该高速异常向下延展深度可达 15 km。

10 km 深度处，$M_S6.4$ 漾濞震区及其周边上地壳速度结构依然呈现出明显的横向不均匀分布特征，震区南、北两侧速度结构特征各异。其中，中低速异常主要分布在震区北侧的维西—乔后断裂和中甸—龙蟠—乔后断裂之间，而高速异常则分布在震区以南。2021 年漾濞 $M_S6.4$ 地震位于高低速异常的过渡带附近，这种震区特有的速度结构特征也在以往四川芦山 $M_S7.0$ 地震、云南鲁甸 $M_S6.5$ 地震等多次强震的研究中得到体现（李大虎等，2015，2019）。15 km 深度处的漾濞震区及周边速度异常分布形态和展布范围均有所改变，位于川滇菱形块体西北部的中甸构造带表现出大规模的低速异常分布特征，腾冲地区存在大范围低速异常分布。杨文采等（2015）基于小波变换多尺度分析和密度反演方法获取的滇西区域上地壳密度扰动图像结果，也表明中甸构造带、维西—乔后断裂和腾冲地区存在低密度异常展布。华雨淋等（2019）速度成像结果显示腾冲火山地区地壳内存在明显的地震波低速区，P 波速度比整个区域地壳速度平均值低超过

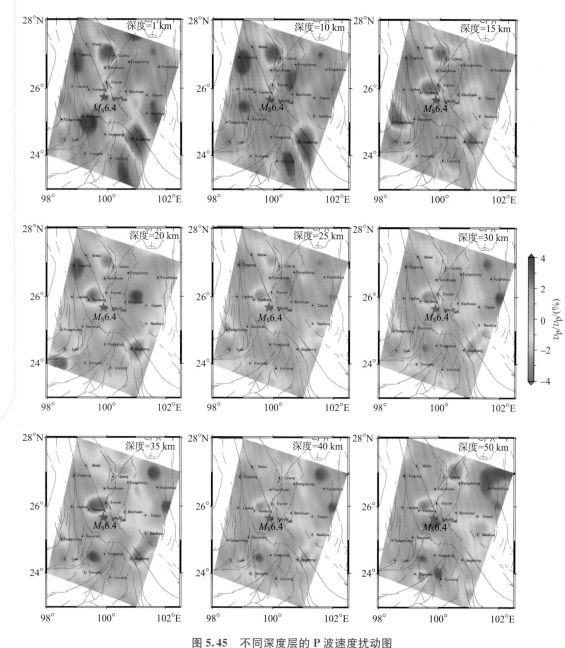

图 5.45　不同深度层的 P 波速度扰动图

(图中黑线为区内主要断裂，红色星号分别代表漾濞 M_S6.4 主震)

青藏高原东南缘强震区深部结构与孕震环境研究

15%，并推测腾冲火山地区存在较大规模的地幔热物质上涌以及向地壳的侵入。我们的结果还揭示了金河—箐河断裂带以西、丽江断裂带以东的永胜—宁蒗构造带低速异常分布也逐渐明显，已有重力异常和大地电磁测深结果表明永胜—宁蒗构造带内密度和电阻率变化明显，在横向上表现出分块特性，地壳内主要以低值异常为主，这一介质特性与我们速度结构所揭示的低速异常展布特征一致（杨文采等，2015；罗愫等，2020）。

随着反演深度的增加，漾濞震区及周边地壳速度结构分布特征呈现一定的趋势性变化，20 km 和 25 km 深度图均显示了震区北侧、来自川滇菱形块体西北部的低速异常向西南扩展，并越过维西—乔后断裂到达云龙附近，该低速异常也得到了以往地震学成像研究结果的支持（王椿镛等，2002；徐涛等，2014；Bao et al.，2015），同时大地电磁测深结果也表明该区深部发育有大范围且近水平状赋存的低阻层（孙洁等，1989；李文军等，2016）。震区以南的兰坪—思茅地块永平—巍山的高速异常特征依旧存在，并随着反演深度的增加愈发明显，30～50 km 深度处的 P 波速度结构反映漾濞震区以南下地壳的速度结构特征，于常青等（2017）电性结果揭示该区下地壳上地幔未发现明显的低阻异常，电阻率最高达到上千欧姆·米，为兰坪—思茅、永平—巍山等区域存在的壳幔高阻异常块体。

5.6.3 三维视密度反演

为了揭示云南 M_S6.4 漾濞震区地壳不同深度处视密度的横向展布特征，分析与漾濞地震震区的介质特性和孕震背景，我们采用基于位场分离和延拓的三维视密度反演方法。该反演方法不但在很多非震区的重力数据处理和地壳结构研究中均取得较好效果（徐世浙等，2007，2009；杨金玉等，2008），而且在研究一些强震震区（如鲁甸 M_S6.5 地震、康定 M_S6.3 地震）的深部孕震背景和动力环境方面也逐渐得到了广泛地应用（李大虎等，2015；2019）。

图 5.46 显示了 M_S6.4 漾濞震区不同深度层的视密度反演结果，可以看出，P 波速度结构与视密度展布特征在深度和分区特征上均具有较好的联系和可比性，如 5 km 深度图可知滇中块体内部攀西构造带近似 NS 向的轴部地区相对视密度高值异常特征显著，而川滇菱形块体西北部的中甸构造带和维西—乔后断裂则出现了明显的条带状视密度低异常区，盐源、宁蒗盆地则显示出低密度异常分布特征，腾冲地区也存在低密度异常分布，已有研究结果也表明了这一点（楼海等，2002；Lei et al.，2009；杨晓涛等，2011；胥颐等，2012，2013）。从 10 km 深度图上可以看出，攀西构造带高密度异常依然存在，本次漾濞 M_S6.4 地震位于高低视密度异常的过渡带附近，漾濞震区以北的维西—乔后断裂和中甸构造带区域依旧表现出条带状圈闭的低值异常，杨文采等（2015）认为该低密度扰动带沿着扬子克拉通西外缘和红河断裂带展布（程裕祺，1994；滕吉文等，2004），反映了扬子克拉通与印支地块碰撞带地壳的碎裂，导致上地壳结晶基底密度的降低。

随着反演深度的增加，漾濞震区壳内视密度异常分布特征呈趋势性变化，15 km 水平层的信息切片图表明了震区北侧及南侧腾冲地区低密度异常分布范围扩大，这与我们反演获取的漾濞 M_S6.4 地震震区三维 P 波速度结构所揭示的低速异常展布分布相一致。总体呈 NS 向展布排列的相对高密度异常代表了攀西构造带的地壳内部存在着高密度的坚硬岩体，这点同样已得到高波速结构和高磁化强度等物性特征的支持（李大虎，2016）。20 km 深度处，漾濞震区北侧整体上表现出低值异常分布特征，并形成了明显的维西—乔后—洱源低密度中心带，震区壳内块体介质强度的横向变化导致了震源区应力积累的不均一性，在构造应力作用下易于破裂，为此次 M_S6.4 地震的发生提供了深部

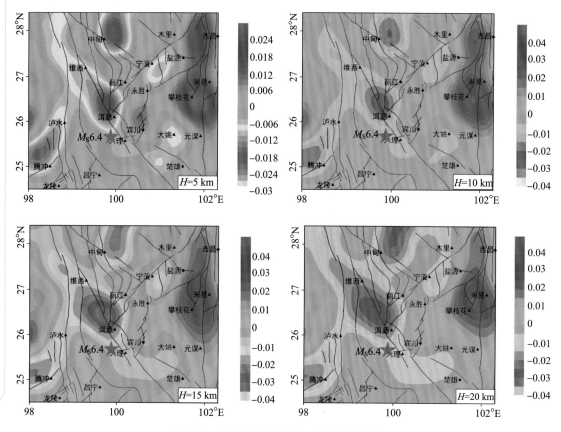

图 5.46　震区不同深度的三维视密度反演图

孕震条件。由于三维 P 波速度结构和视密度反演结果均揭示了震区以北存在低速、低密度的异常分布，说明了漾濞 $M_S6.4$ 地震震源体处于相对较为脆硬的上地壳范围内。

5.6.4　结论与讨论

（1）为了进一步揭示漾濞 $M_S6.4$ 地震震区震区速度结构特征与地震序列分布之间存在的关系，我们基于云南数字测震台网记录的震后 3 天的地震观测数据，完成了 2021 年 5 月 21 日漾濞 $M_S6.4$ 地震序列的重定位工作，获得了 415 个 $M_L \geqslant 1.0$ 余震的精确位置，并绘制了定位后的漾濞地震序列分布图（图 5.47）。从图中可以看出该地震序列集中分布在主震的 SE 侧，并沿着维西—乔后断裂呈 NW 向条带状分布，长约 20 km，主震震源深度为 8.6 km。序列震源深度优势分布层位在 5～15 km，序列总体上主要发生在上地壳范围内。再综合地震矩张量反演和震源机制解等地震应急科技支撑结果（http://www.cea-igp.ac.cn/kydt/278248.html），表明此次地震的断层面走向为 320°左右，倾向 SW。维西—乔后—巍山断裂北自巴迪以北，向南东经维西、马登、乔后至平坡，后分为两支，东支经大麦地与红河断裂带相接，西支延伸至巍山一带，区内长 220 km，总体走向 NNW，SW 倾为主，陡倾角。已有震源机制解研究结果表明，

2017 年 3 月 27 日漾濞 $M_S5.1$ 及 $M_S4.8$ 地震的发震构造为维西—乔后断裂（潘睿等，2019），古地震研究结果表明维西—乔后断裂自晚更新世以来发生过多次破裂至地表的强震事件（Chang et al.，2018），尤其是近些年来，维西—乔后断裂及周边区域的断层上接连发生过多次 $M_S5.0$ 以上的中强地震，如 2013 年洱源 $M_S5.5$、$M_S5.0$ 地震（赵小艳和付虹，2014）和 2016 年云龙 $M_S5.0$ 地震（Jiang et al.，2019）。漾濞 $M_S6.4$ 地震发生后的震后应急科考工作并未发现地震地表破裂带，震区地震序列展布与断裂深部介质结构及构造背景关系如何，仍是一个值得研究的科学问题。

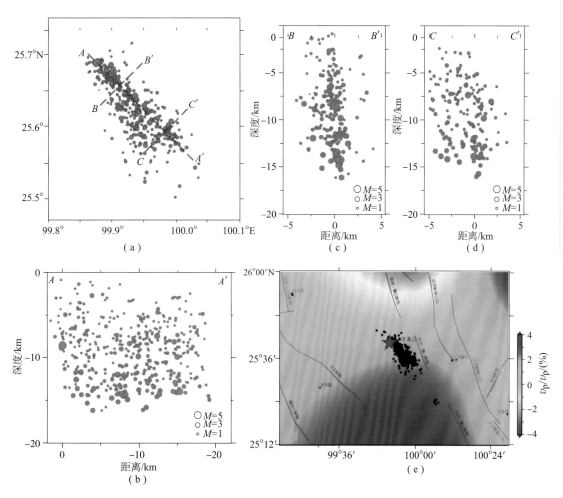

图 5.47　地震序列平面图、剖面图以及震区速度结构与序列分布关系
（a）定位后震中分布图；（b）A—A′ 剖面；（c）B—B′ 剖面；（d）C—C′ 剖面

综合三维 P 波速度结构和地震序列展布研究结果可以看出，漾濞 $M_S6.4$ 地震序列的空间分布特征与震区上地壳介质速度结构存在密切关系。漾濞 $M_S6.4$ 地震震区及其周边上地壳速度结构依然呈现出明显的横向不均匀分布特征，震区南、北两侧速度结构特征各异。其中，低速异常主要分布在震区北侧，而高速异常则分布在震区以南。我们又截取了 10 km 深度处漾濞震源区局部速度结构图，该图显示漾濞 $M_S6.4$ 地震发生在高、低速异常过渡带附近，见图 5.47（e），这种介质物性发生变化的边界带可能是中强地震孕育和发生的有利部位。漾濞地震序列总体上也位于高、低速异常过渡带附近,因此,漾濞 M_S6.4 地震震区壳内介质结构的非均匀分布是控制漾濞地震及其序列展布形态的深部构造因素。

(2) 漾濞 M_S6.4 地震震区位于青藏高原东南缘滇西三江构造带,属于喜马拉雅造山带的一部分(黄汲清和陈炳蔚,1987),国内外许多学者通过地质和不同地球物理方法研究该区地壳深部结构,并推测出了青藏高原东南缘滇西三江地区存在壳内物质流(Royden et al.,1997;Clark and Royden,2000;Beaumont et al.,2004;Unsworth,et al.,2005;Schoenbohm et al.,2006)。滇西地区的宁蒗、腾冲、龙陵、盈江和洱源等地接连发生多次 5.0 级以上地震,表明该地区确实是一个构造活动强烈、地震活动频繁且变形复杂的区域,对该区地壳结构特征的研究可为地震构造环境评价和地震活动趋势分析提供了科学的深部资料。

漾濞 M_S6.4 地震震区的三维 P 波速度结构显示震区地壳物质存在显著的横向差异,且震区北侧中甸构造带区域在 15～20 km 深度范围存在低速异常展布,维西—乔后断裂是红河断裂 NW 向的延伸,再往北与金沙江大断裂相接,共同构成川滇菱形块体的南西边界(汤沛和常祖峰,2013),而中甸—龙蟠断裂北起中甸以北,向南经小中甸、龙蟠、剑川,止于乔后。基于所获取的速度结构结果,我们认为中地壳低速层的存在,为川西北次级块体内部内青藏高原弱物质向南运移的通道,低速物质在该处穿过维西—乔后断裂并散布于断裂下方地壳深度范围内。我们的三维视密度反演结果还表明,漾濞 M_S6.4 地震位于高低视密度异常的过渡带附近,漾濞震区以北的维西—乔后断裂和中甸构造带表现出条带状圈闭的低值异常,也说明了该区中地壳物质相对较为软弱。由于该区中上地壳存在三条低密度的扰动带已成普遍认识,如对滇西地区的重力数据进行小波多尺度分解和反演获取的地壳三维密度结构也揭示了这一点(杨文采等,2015),M_S6.0 以上的强震常常位于密度较低的异常区或异常区域边界,上地壳的破裂与具备低密度异常的中下地壳物质蠕动可能有关联。由于造成地壳内部低密度异常的存在原因存在多种可能性,如温度变化、压力变化、岩性变化及流体物质增加等,温度的变化或流体物质增加,不但会造成岩石密度的降低,也会刺激地壳内部物质产生蠕动,因此地壳内部存在的低密度异常可能与物质蠕动有一定的关联性,下地壳的软弱物质运移有可能会导致中强地震发生,中下地壳的密度扰动结果图揭示物质流变蠕动上方对应地震活动区带,据此推测 6 级以上地震震中都位于地壳低密度的中新生代活动带,也可能与青藏高原下地壳管道流的位置相吻合(杨文采等,2015)。由于大地电磁测深(MT)方法对深部介质电导率变化反映最灵敏、分辨力较高(徐常芳,1997),目前已被广泛应用于地震构造区的孕震背景、断裂带介质属性的探测研究(赵国泽等,2004;詹艳等,2008,2013;Chien-Chih Chen et al.,2002;Ogawa et al.,2001;Martyn Unsworth et al.,2004;Becken,et al.,2011),如果地壳低密度异常区反映中新生代地壳物质蠕动有关的区段,那么这里也应该是地壳低电阻率的异常区(杨文采等,2015)。已有的大地电磁测深结果表明,位于川西北次级块体内部的中甸构造带存在大范围分布的低阻层(孙洁等,1989;李文军等,2016),这与所揭示的中甸地区展布的低速、低密度异常范围基本一致。当来自川西北次级块体内部的低速、低密度物质向 SW 运移过程中,会影响到维西—乔后断裂及其伴生构造的结构组成和属性，并降低其断层本身强度，区域应力场的改变导致维西—乔后断裂及其伴生构造应力出现集中、破裂，这可能是漾濞 $M_S6.4$ 地震孕育和发生的深部构造背景和动力学成因。

（3）除此之外，考虑到漾濞震区北侧洱源—下关等地的地表温泉较发育、大地热流值显著偏高等地热分布以及上地幔 P 波速度结构等研究结果（王云等，2018；赵慈平等，2014；李其林等，2018；李大虎等，2021），我们又沿着维西—乔后断裂和斜交维西—乔后断裂分别绘制了两条穿过漾濞主震的速度结构和视密度结构剖面图（图5.48），NW—SE 剖面显示出漾濞 $M_S6.4$ 地震震区 NW 侧存在地壳尺度的低速、低密度异常这一最显著特征，漾濞主震位于高低速、高低视密度过渡带附近；SW—NE 剖面同样揭示了漾濞 $M_S6.4$ 地震震区 NE 侧存在地壳尺度的低速、低密度异常分布，且低值异常在15 km 深度附近尤为明显，据已有的云南思茅—中甸地震剖面的地壳结构结果表明，剖面段右所—中甸地区存在的强反射同相轴是低速异常区底部的强反射，该低速异常区可能是深部上涌的岩浆囊（张智等，2006）。上地幔局部熔融引起软流圈上涌可使大量的幔源流体运移到中下地壳，同时伴随有热量的运输，形成富含流体的中下地壳高温异常区或高导低速层（Gold and Soter，1984；Italiano et al.，2000）。上地壳中活动断裂和火山通道等构造的存在，为深部热和流体向地表运移起通道作用，造成上地壳浅层地热异常呈带状或区域性分布。赵慈平等（2014）认为这是地热异常区内岩浆的存在导致上部地壳与下覆壳幔充分解耦，在区域应力场的作用下引起上部地壳应力集中，同时地热流体活动使断层更容易错动而发生地震。王云等（2018）He 同位素的时空变化特征研究青藏高原东南缘地热与地震活动，认为由深部流体活动导致震源区热状态的改变是触发大地震的关键因素。Nie 等（2021）研究结果表明震区及周边的上地幔 Pn 波速度较低，暗示着该区的岩石圈地幔相对较薄。雷兴林等（2021）基于震源机制和应力场反演等资料认为地震活动的触发作用及其深部的流体运移推进或驱动了北西向主要断层的活动，从而发生了主震，并提出寻找漾濞地震条带地震活动背后直接和间接的流体作用或者断层预滑的证据，将是深入研究的重点。因此，我们的结果揭示漾濞震区北侧低速、低密度异常可能与壳内流体的存在有关，流体存在有助于减小断裂强度和增强地震活动性。国内外强震区已有的研究成果也均表明了这一点（Sibson et al.，1992；Hic kman et al.，1995；Zhao et al.，2002），如 Huang et al.（2005）对首都圈地区强震发生的深部环境研究表明，多数大地震都发生在高速块体的边侧，而在震源区的下方存在明显的低速体分布，并认为这些低速异常与流体有关，下地壳中的流体容易引起中上地壳发震层的弱化和应力集中，使孕震断层易于破裂，从而发生大震。Lei 等（2009）研究发现汶川主震震源区下方存在明显的低波速异常体，且这种低波速异常体散布于龙门山断裂带整个地壳深度范围内，暗示着流体作用于整个断裂带，并据此认为汶川地震的发生可能与沿龙门山断裂带上浸的下地壳流密切相关。

综上，我们的研究结果揭示了漾濞 $M_S6.4$ 地震震区北侧洱源附近存在地壳尺度的低速、低密度异常这一最显著特征，该结果与该部位地表温泉较发育、大地热流值显著偏高等地热分布高度一致，这些均暗示着漾濞地震机制除了与青藏高原东缘深部物质 SE 向逃逸有关外，可能还与来自上地幔的热异常和深部过程密切相关。

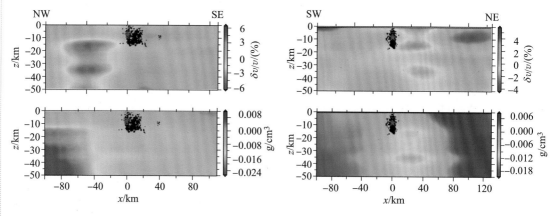

图 5.48　穿过漾濞震区的 NW—SE 剖面（140°）及 SW—NE 剖面（40°）

5.7.1　区域地震构造环境

四川省木里—盐源地区位于扬子准地台西缘盐源台缘坳陷带与松潘—甘孜褶皱系的交接部位，该地区逆冲推覆构造大规模发育，其壮观程度并不亚于龙门山逆冲推覆构造带，因此具有重要的大地构造意义。其中，木里弧形断裂带位于松潘—甘孜造山带最南部，由一组弧形断裂及褶皱组成，该带向南及向东均逆冲于盐源前陆逆冲楔之上，向北被雅江被动陆缘的三叠系复理石楔覆盖。盐源弧形断裂系作为川滇块体内部具有独特形态特征的活动断裂构造体系，主要由盐源弧形断裂、辣子弧形断裂组成（图 5.49）。

5.7.2　地震活动特征

木里—盐源弧形构造带地区地震活动频繁，为川西北典型的地震多发区。从图 5.50（a）（b）中可以发现，区域强震及中小地震的活动呈现出明显的不均匀性分布。其中，形成于燕山期，在第三纪以来直到现今仍在活动的盐源断裂带强区活动频繁，曾发生 1467 年盐源 6½ 级地震、1478 年盐源 6 级地震，1976 年发生过盐源下甲米 6.7 级地震和 1976 年 12 月 13 日盐源辣子 6.4 级地震，并可见到上述两次地震产生的地裂缝带，2001 年 5 月 24 日又在泸沽湖发生了 5.8 级地震，以及 1998 年 11 月 19 日宁蒗 6.2 级地震、2001 年 5 月 24 日宁蒗—盐源 5.8 级地震、1978 年 8 月 31 日盐源西北 5.6 级地震、1996 年 2 月 3 日丽江黑水、玉湖间 7.0 级地震等。木里弧形断裂带的西翼小震活动密集，1980 年 2 月 2 日和 1955 年 9 月 29 日相继发生过 5.8 和 4¾ 级地震，以及 1976 年盐源、宁蒗一带 6.7 级、6.4 级地震、2003 年 8 月 21 日盐源 5.0 级地震和 2012 年盐源—宁蒗 5.7 级地震。

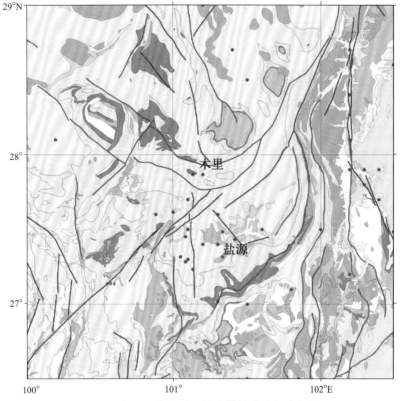

图 5.49　木里—盐源弧形构造带的地震构造分布图

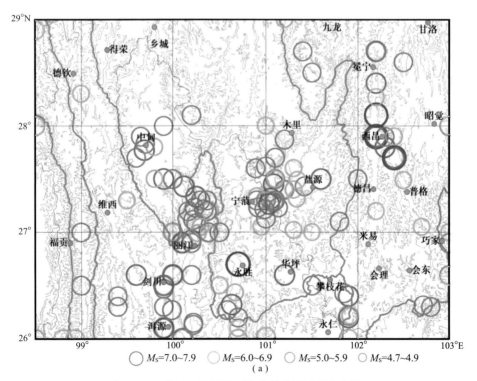

M_S=7.0~7.9　　M_S=6.0~6.9　　M_S=5.0~5.9　　M_S=4.7~4.9

(a)

图 5.50　木里—盐源弧形构造带中强地震分布图

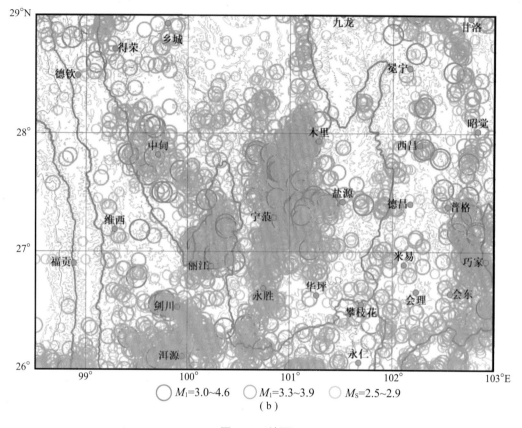

$M_1=3.0\sim4.6$ $M_1=3.3\sim3.9$ $M_S=2.5\sim2.9$

(b)

图 5.50（续图）

5.7.3　P波速度结构

从图 5.51 中可以看出，盐源—木里地区中上地壳的速度结构存在明显的横向不均匀性，在 10 km 深度速度图像中，锦屏山构造带北西侧的九龙—稻城一带出现了较大范围的低速异常，小金河—丽江断裂的南东侧则表现出高速异常的特征，这与我们通过视密度反演所得到的研究结果（图 5.52）相吻合。锦屏山构造带前缘的盐源凹陷盆地也表现为低速异常特征，异常分布形态与盆地的展布特征相一致，均表现为东西向展布并向南东弧形凸出的特征，其长轴垂直于川滇块体向南南东挤出的方向。随着反演深度的增加，川西北块体内部的盐源—宁蒗低速异常特征愈发明显，到了 20 km 深度处，盐源—宁蒗地区低速层的展布范围被推覆构造带前缘的金河—箐河断裂和小金河—丽江断裂所限定，这一特征与其他研究者采用的深地震测深和 MT 反演所得到的结果基本一致。

崔作舟等（1988）通过丽江—新市镇的人工地震测深发现了研究区的地壳为高低速相间的多层层状结构，上地壳和上地壳底部低速层微向西倾，显塑性的低速层埋于地表下 20～30 km。李立等（1987）采用大地电磁测深完成的泸州—宁蒗的地壳上地幔的研

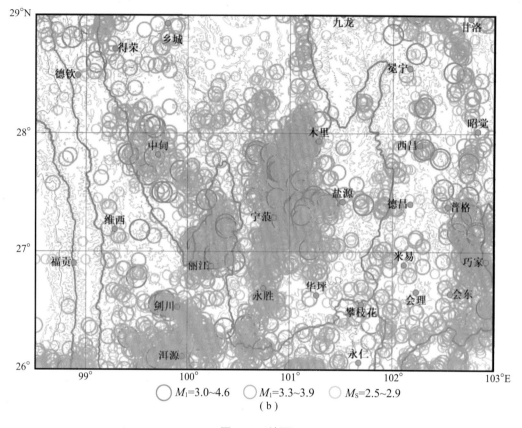

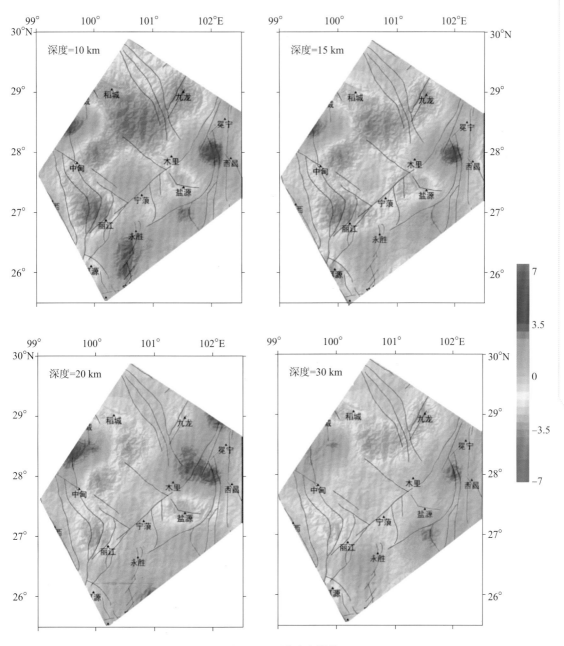

图 5.51 P 波速度结构

究结果表明，木里—盐源弧形构造带下方 12～29 km 深度范围内存在低阻层；成都理工大学地球物理学院于 2013 年完成了盐源—美姑的 MT 测深剖面结果表明，锦屏山电性结构带木里地区在地下 11～30 km 深度之间存在壳内低阻层（李忠等，2013）。

综上所述，我们推测在木里—盐源弧形构造带壳内 10～30 km 深度处存在的低速层位可能是一个构造软弱层，该壳内低速层在地壳的构造运动中起着重要的作用，作为难于积累应变能的塑性软弱层，在长期的构造运动中，壳内低速层一方面受到来自青藏高原的应力作用，另一方面又受到扬子地块西缘的强烈阻挡，易于产生塑性形变，并将应力传递给上部的脆性地壳，使之产生一系列收敛壳内低速层的断层。当应力场持续积累，就会使上地壳的断块沿壳内低速软弱层产生滑动，从而形成了木里—盐源地区一系列的推覆构造。

5.7.4　视密度反演

从图 5.52 可见，5 km 视密度切片图反映出了由东向西视密度异常值相应呈逐渐下降趋势，沿着小金河—丽江断裂的木里—宁蒗—丽江一线表现为一条巨型的梯级带，与锦屏山构造带相对应。在该梯级带以西的等值线较稀疏，区域低值密度展布区与松潘—甘孜地槽区相对应。雅江次级块体和稻城断隆区也呈现出视密度低值变化特征，反映了

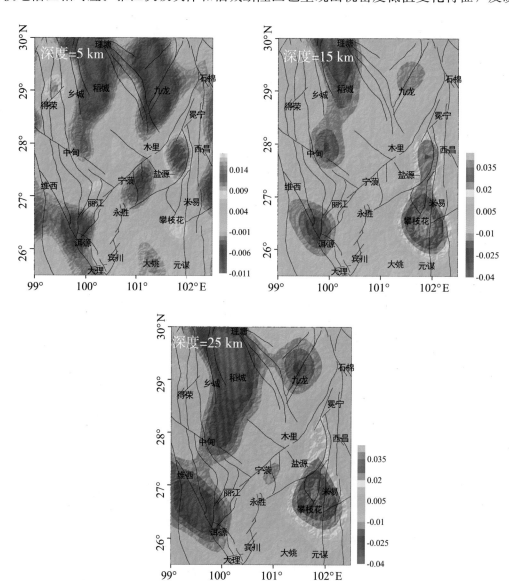

图 5.52　视密度反演结果

此处的地壳的介质密度较低，它可能与该区域中更新世时期以来处于相对稳定的弱伸展状态有关。在梯级带以东地区的攀西地区正处于视密度相对高值区，等值线形态呈南宽北窄的楔形，北端收敛于冕宁附近，异常特征与元古代的结晶基底和岩浆杂岩带相对应，在一定程度上反映出攀西地区地壳厚度相对较薄的特征。随着反演深度的增加，在15 km深度图中，锦屏山弧形构造带西侧区域呈现出大范围的低值异常展布特征，这一特征在深度25 km反演中的表现尤为明显，表明了川西高原中下地壳物质较为软弱，该区具备发生塑性流动的物性条件。

5.7.5 航磁异常特征

图5.53为木里—盐源区域航磁 ΔT 化极等值线平面图，从图中可见，大致以木里—宁蒗为界，其西部为宽缓、平静的航磁异常区，叠加众多杂乱磁异常，与广泛分布于松潘—甘孜地槽区的浅变质砂板岩地层相对应，反映出该区沉积厚度大且弱磁性基底的存在，加之部分中基性火山岩较发育，因而显示为杂乱磁异常；东部地区航磁异常形态变化较为复杂，在等值线总体呈南北向展布的背景下，形成多个圈闭的正、负异常相间区，反映了该区主要以南北向构造为主且局部岩性存在一定的差异。其中，宁蒗—丽江地区在第三纪时期形成了若干山间红色盆地，并有酸性—碱性浅成斑岩活动，从而显示出高低相间的磁性分布特征。金河—箐河断裂以东属大陆裂谷型碱性到拉斑玄武岩，以及该区存在的部分老变质岩和基性—超基性、中基性侵入岩磁性较强，因此表现出强磁性的异常特征。

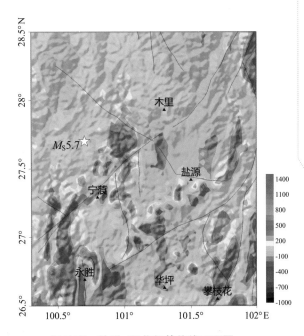

图5.53 航磁 ΔT 化极等值线平面图

航磁资料对重新认识木里—盐源—宁蒗地区的深部构造背景和孕震环境起了重要作用。由于该地区宁蒗、盐源等凹陷型盆地发育，断裂被沉积盖层所隐蔽而显得不甚完整，所以单凭浅表地震地质调查工作难以判定孕震断层和发震构造、更难以对该地区在如此有限的空间范围内中强地震活动如此频繁的原因作出合理解释。

为消除浅部局部构造和地层岩性等因素的影响，我们将航磁 ΔT 化极异常进行上延处理后，得到图5.54。在航磁 ΔT 上延10 km等值线图上，木里—盐源地区仍显示出低磁异常分布特征，说明该区并不存在强磁性结晶基底，可能是弱磁性变质基底。同时，通过对航磁数据的化极和延拓处理，在航磁 ΔT 上延10 km等值线图上，我们发现盐源 $M_S5.7$ 地震震中位于航磁异常的突变带上，在航磁 ΔT 上延20 km等值线图上，航磁异常突变带依然存在，该突变带反映出宁蒗凹陷盆地北西缘可能还存在一条 NE 走向的隐伏断层，在地壳内部，该断层可作为划分不同基底块体分界线。而此次盐源—宁蒗 $M_S5.7$ 地震就发生在块体之间基底性质存在明显差异且应力相对集中的地区。

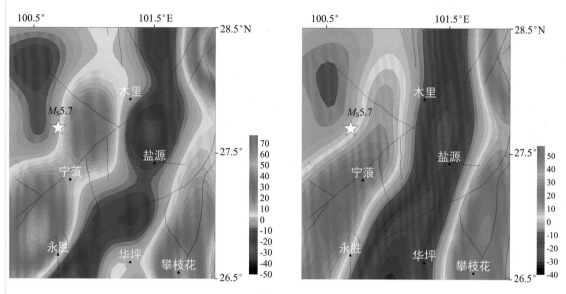

图 5.54　航磁 ΔT 上延 10 km（左）、20 km（右）异常等值平面图

　　除此之外，根据航磁 ΔT 上延 20 km 异常图上可以看出，在永胜—宁蒗—木里之间出现了明显的近 SN 向的航磁异常梯度带，该梯度带两侧区域的航磁异常分布明显不同，据此我们推断该磁场分界线应该为壳内断裂航磁异常响应的结果。结合地表断裂构造的展布特征分析，总体走向近南北，全长约 160 km 的程海—宾川断裂形成于前震旦纪晋宁运动，加里东、海西、印支、燕山和喜山运动都有活动，控制不同时代地层和岩浆岩的界限，沿断裂带有基性、超基性岩浆喷发，该断裂南起弥渡盆地西北，向北经宾川、程海、永胜、金官等，难觅断裂的头部。走向 NW40°～50°，全长约 300 km 的理塘—德巫断裂是川滇块体内部的一条与鲜水河断裂近于平行展布的全新世走滑断裂，该断裂北西起于蒙巴北西，向南东经查龙、毛垭坝、理塘、甲洼、德巫至木里以北消失，难觅断裂的尾端。由于航磁 ΔT 上延 10 km、20 km 异常图中的梯级带位置与这两条断裂的延展方向相吻合，加之宁蒗—永胜地幔梯变带的存在，中强地震的频发与程海—宾川断裂和理塘—德巫断裂的深部展布形态以及地表断裂形成的阶区单元具有密切的关系。

5.7.6　结论与讨论

　　（1）四川省大地构造的显著特色之一就是槽、台东西分野明显。四川西部是地槽区，东部为地台区，两者的分界线北段是以龙门山后山断裂划界，而分界线南段的木里—盐源地区目前意见尚没有完全统一，有人将金河—箐河断裂作为槽台的分界线，也有人主张把界线向 NW 划到小金河一带，还有人说在更北的木里地区。根据我们的三维视密度反演结果表明，沿着小金河—丽江断裂的木里—宁蒗—丽江一线表现为一条巨型的重力梯级带，因此，金河—箐河断裂并不是槽台之间的真正分界，它应该是地台内部盐源—丽江台缘坳陷带和康滇地轴两个二级构造单元分界线。

（2）盐源推覆构造和木里弧形构造属于同类性质的推覆体，其前锋分别是金河—箐河断裂和小金河—丽江断裂（葛肖虹等，1984）。那么，形成木里—盐源弧形断裂这类构造组合和滑脱机制的深部动力因素是什么？我们的 P 波成像结果表明了在木里—盐源弧形构造带壳内 10～30 km 深度处存在低速层，MT 测深结果（李立等，1987；李忠等，2013）也证明了该区壳内存在低阻层，根据葛肖虹等（1984）对盐源推覆构造的前锋弧形断褶带进行构造复位，并估算了推覆构造前弧最大位移量约达 80～100 km，弧顶善河、国胜的原始位置可能回复到木里一带。因此，我们认为木里—盐源弧形构造带低速层和低阻层应是该区壳内深部重要推覆构造滑脱界面的反映，它构成了本区重要的深部动力来源。同时，该壳内低速层在地壳的构造运动中起着重要的作用，作为难于积累应变能的塑性软弱层，容易将应力传递给上地壳的脆性介质，加之木里—盐源弧形构造在区域 NNW—SEE 向的压应力作用下，当西翼断裂的右旋剪切滑动受到弧顶部位的阻碍时，使得弧顶部位易产生应力集中，所以，中强震经常发生在木里—盐源弧形构造的弧顶部位及西翼断裂上。

（3）强震的孕育和发生过程是在地球深部发生的动力过程或构造运动，汶川地震和唐山地震的经验表明，仅靠地表调查和测量来认识地震的发震过程是不够的，强烈地震的发生与地壳和上地幔深部结构、物性状态及动力学环境有着密切的关系（丁志峰，2011）。由于区域强震和中小地震活动呈明显的不均匀性分布，研究地震活动及其孕育机理不应仅仅依靠地表的断层分布等地质证据，还需要结合地壳深部孕震环境及其结构特征进行综合分析。

我们根据航磁 ΔT 上延 10 km 和 20 km 等值线图发现，盐源 $M_S5.7$ 地震震中位于航磁异常的突变带上，该突变带反映了宁蒗凹陷盆地北西缘可能还存在一条 NE 走向的隐伏断层，在地壳内部，该断层可作为划分不同性质的基底块体分界线。块体之间基底性质存在的差异且应力相对集中的地区有利于盐源—宁蒗 $M_S5.7$ 地震的孕育和发生。根据航磁异常的梯级带位于程海—宾川断裂和理塘—德巫断裂的延展方向，加之宁蒗—永胜地幔梯变带的存在，因此我们推断在中上地壳深度范围内，中强地震的频发与程海—宾川断裂和理塘—德巫断裂的深部展布形态及地表断裂形成的阶区单元具有密切的关系。

第 **6** 章

未来展望

本书通过对青藏高原东南缘强震区多种地球物理观测数据的处理分析和物性参数反演，重点剖析和研究了青藏高原东南缘强震区的深部结构、介质分布和孕震环境等问题，强震区三维 P 波速度结构与重磁异常的展布特征、梯度变化在深度和异常分区特征上均具有较好的联系和可比性，多种介质物性分布结果均表明，强震大多发生在高低速异常的分界线附近（或略偏向高速异常体一侧），如芦山 $M_S7.0$ 地震、康定 $M_S6.3$ 地震、鲁甸 $M_S6.5$ 地震、长宁 $M_S6.0$ 地震和漾濞 $M_S6.4$ 地震，且一些强震震源体下方存在明显的低速、低密度异常分布，如九寨沟 $M_S7.0$ 地震、鲁甸 $M_S6.5$ 地震和盐源—木里震区震例。除此之外，通过高、低航磁异常突变带还揭示出强震区发震构造的深部展布形态特征，如芦山 $M_S7.0$ 地震、康定 $M_S6.3$ 地震和鲁甸 $M_S6.5$ 地震等。这些研究结果在一定程度上弥补了东南缘强震区深部地球物理场资料的空白，也为今后强震区的震情跟踪和地震危险性判定等工作提供深部地球物理场依据。

同时也需要注意到，尽管目前聚焦青藏高原东南缘强震区的地震孕育和发生过程所采用的不同的地球物理探测手段已经相对丰富，但仍然无法对一次强震的孕育和发展过程形成全方位解析，不同物性参数之间的地球物理场响应差异仍然存在，真正的关联性尚未能有效建立，未来需要考虑和深入研究的问题主要有：

（1）加密观测。

已有的青藏高原东南缘强震区物性参数模型丰富了深部构造和孕震环境的认识，然而受空间分辨率的限制，地震台网的台站分布、数据成像分辨率和精度仍不足以识别地壳深部结构的细节。开展密集宽频地震台阵探测和多种地球物理方法观测的联合约束解释，将成为推动该区深部孕震环境和动力学研究的重要途径。在青藏高原东南缘强震区及潜在地震危险区开展密集地震台阵探测为主，辅以重力剖面和大地电磁阵列剖面观测，对强震区的孕震背景环境、重要构造带的深部构造形态和震区介质物性进行综合探测，以不同的探测视角和分辨率对深部结构和孕震环境进行解剖，获得青藏高原东南缘强震区及潜在地震危险区的深部速度结构、介质物性结构和深部动力学模型。

（2）联合反演。

由于不同地球物理反演方法均存在多解性，为此采用联合反演方法，可同时基于多种地球物理观测数据得到地下地质体物性关系或结构性耦合关系的统一的地质-地球物理模型，克服单一方法的局限性，减小地球物理反演的多解性，获取更可靠的深部结构信息。

①由于地震体波和面波联合反演可以有效的利用两种数据体的互补性，得到统一的三维 P 波和 S 波速度结构，并且联合反演获取的 P 波和 S 波速度模型相比于单独反演具有更高的精度。因此，基于青藏高原东南缘强震区已有的地震事件波形和连续背景噪声记录，采用基于地震体波和面波联合反演的方法来获取强震区三维 P 波和 S 波速度结构，从而达到优势互补、减小反演的多解性和提高成像分辨率的目的。

②利用区域数字测震台网和宽频带密集流动地震台阵观测数据以及高分辨率重力异常数据，开展重力与地震约束反演研究，应用全波形反演技术获取青藏高原东南缘强震区的三维速度结构和密度结构，提高成像分辨率和精度，追踪壳内低速层、低密度层的分布范围和展布形态，为青藏高原东南缘深部孕震环境与动力学研究提供可靠的深部依据。

③由于大地电磁测深对地下低阻体（如局部熔融和水等）反应较为灵敏，能够给出壳内物质组成和流变学特征。因此，在具备密集地震台阵和密集大地电磁阵列观测的震区，有必要开展大地电磁和地震数据的联合反演，通过电阻率和速度模型在物性结构上相互耦合与制约，反演获取强震区介质物性精细结构信息，分析不同物性的组合、转换与强震震中分布和活动断裂展布之间的关系，探讨青藏高原东南缘强震区地震活动与构造变形、区域动力学机制以及孕震机理等科学问题。

参 考 文 献

常利军，王椿镛，丁志峰.2006.云南地区SKS波分裂研究.地球物理学报，49（1）：197-204.

常利军，王椿镛，丁志峰.2008.四川及邻区上地幔各向异性研究.中国科学D辑：地球科学，38（12）：1589-1599.

陈培善，刘福田，李强等.1990.云南地区速度结构的横向不均匀性.中国科学B辑，20（4）：431-458.

陈学波，吴跃强，杜平山等.1986.龙门山构造带两侧速度结构特征.国家地震局科技监测司编.中国大陆深部构造的研究与进展.北京：地质出版社，97-113.

陈运泰，杨智娴，张勇等.2013.浅谈四川芦山M_S7.0地震.地震学报，35（3）：285-295.

成尔林.1981.四川及其邻区现代构造应力场和现代构造应力特征.地震学报，3（3）：231-241.

从柏林.1988.攀西古裂谷的形成与演化.科学出版社.

程方道，刘东甲，姚汝信.1987.划分重力区域场和局部场的研究.物探化探计算技术，9（1）：1-9.

崔作舟，陈纪平，吴苓.1996.花石峡—邵阳深部地壳结构和构造［M］.北京：地质出版社，156-168.

崔作舟，卢德源，陈纪平等.1987.攀西地区的深部地壳结构与构造.地球物理学报，30（2）：566-580.

丁志峰，曾融生.1994.用近震资料反演京津唐地区的地壳三维速度结构.华北地震科学，12（2）：14-20.

丁志峰，曾融生.1996.青藏高原横波分裂的观测研究.地球物理学报，39（2）：211-220.

丁志峰.1999a.近震层析成像的理论及应用［博士学位论文］.中国地震局地球物理研究所.

丁志峰，何正勤，孙卫国.1999b.青藏高原东部及其边缘地区的地壳上地幔三维速度结构.地球物理学报，42（2）：197-205.

丁志峰，何正勤，吴建平等.2001.青藏高原地震波三维速度结构的研究.中国地震，17（2）：202-209.

丁志峰，2011.中国地震科学台阵探测——南北地震带南段.地震科技与国际交流，第2期：36-39.

丁国瑜.1991.活动亚板块、构造块体相对运动.北京：地震出版社，142-153.

邓起东，张培震，冉勇康等.2002.中国活动构造基本特征.中国科学（D辑），32（12）：1020-1030.

杜方，龙锋，阮祥等.2013.四川芦山7.0级地震及其与汶川8.0级地震的关系.地球物理学报，56（5）：1772-1783.

段国莲.1996.关于攀西裂谷的一些疑点.青海地质科技情报，2：40-44.

葛肖虹等.1984.川西盐源推覆构造的探讨.长春地质学院学报，（1）：36-43.

管志宁，阳明，安玉林.1990.视磁化强度填图方法及应用.物探与化探，14（3）：172-181.

郭飚，刘启元，陈九辉等.2009.川西龙门山及邻区地壳上地幔远震P波层析成像.地球物理学报，52（2）：346-355.

国家地震局震源机制研究小组.1973，中国地震震源机制研究（第一辑）.国家地震局，1-206.

国家地震局震源机制研究小组.1973，中国地震震源机制研究（第二辑）.国家地震局，1-77.

黄汲清.1954.中国主要地质构造单位.地质出版社.

韩渭宾，蒋国芳.2004.青藏高原东南缘强震活动分布特征及其与地壳块体构造背景关系的研究.地震学报，26（3）：211-222.

韩竹军，何玉林，安艳芬，李传友.2009.新生地震构造带——马边地震构造带最新构造变形样式的初步研究.地质学报，83（2）：218-229.

何正勤，苏伟，叶太兰．2004．云南地区的短周期面波相速度层析成像研究．地震学报，26（6）：583－590．

胡鸿翔，陆涵行，王椿镛等．1986．滇西地区地壳结构的爆破地震研究．地球物理学报，29（2）：133－144．

胡鸿翔，冯永革．1998．云南扬子准地台区地壳浅部速度构造特征．西北地震学报，20（4）：12－17．

胡鸿翔，高世玉．1993．云南地区地壳浅部基底速度精细结构的研究．中国地震，19（4）：356－363．

胡家富，苏有锦，朱雄关等．2003．云南的地壳S波速度与泊松比结构及其意义．中国科学（D辑）地球科学，33：714－722．

黄金莉，宋晓东，汪素云．2003．青藏高原东南缘上地幔顶部Pn速度精细结构．中国科学（D辑），33（增刊）：144－150．

黄金莉，赵大鹏，郑斯华等．2001．川滇活动构造区地震层析成像．地球物理学报，44（增刊）：127－135．

黄金莉，郑斯华，赵大鹏．1999．川滇活动构造区三维P波速度结构与强震活动关系的研究．中国地球物理学会年刊，317．

晋光文，孙洁，白登海等．2003．川西—藏东大地电磁资料的阻抗张量畸变分解．地球物理学报，46（4）：547－552．

阚荣举，张四昌，晏凤桐等．1977．我国西南地区现代构造应力场与现代构造活动特征的探讨．地球物理学报，20（2）：96－109．

阚荣举，王绍晋，黄崐等．1983．中国西南地区现代构造应力场与板内断块相对运动．地震地质，5（2）：79－90．

骆耀南．1984．略论中国四川攀枝花—西昌古裂谷带——兼答刘凤仁的质疑．大自然探索，（4）．

骆耀南．1985．中国攀枝花—西昌古裂谷带．北京：地质出版社，1－25．

雷建设，赵大鹏，苏金蓉等．2009．龙门山断裂带地壳精细结构与汶川地震发震机理．地球物理学报，52（2）：339－345．

雷建设，周慧兰．2002a．中国西南及邻区上地慢P波三维速度结构．地震学报，24（2）：126－134．

雷建设，周蕙兰，赵大鹏．2002b．帕米尔及邻区地壳上地幔P波三维速度结构的研究．地球物理学报，45（6）：802－811．

李春昱．1963．"康滇地轴"地质构造发展历史的初步研究．地质学报，（03）．

罗志立，金以钟，朱夔玉等．1988．试论上扬子地台的峨眉地裂运动．地质论评，34（01）：11－24．

李坪．1975．云南川西地区地震地质基本特征的探讨．地质科学，（4）：308－326．

李大虎，丁志峰，梁明剑等．2014．四川地区流动重力资料的位场分离与异常特征提取．地震学报，36（2）：261－274．

李大虎，丁志峰，吴萍萍等．2015．鲜水河断裂带南东段的深部孕震环境与2014年康定M_S6.3地震．地球物理学报，58（6）：3941－3951．

李才明，李军．2013．重磁勘探原理与方法［M］．科学出版社．

李才明，李军，余舟等．2004．提高磁测日变改正精度的方法．物探化探计算技术，26（3）：211－214．

李立，金国元．1987．攀西裂谷及龙门山断裂带地壳上地幔大地电磁测深研究．物探与化探，11（3）：161－169．

李坪，汪良谋．1975．云南川西地区地震地质基本特征的探讨．地质科学（4）：306－324．

李永华，吴庆举，田小波等．2009．用接收函数方法研究云南及其邻区地壳上地幔结构．地球物理学报，52（1）：67－80．

李永华，徐小明，张恩会等．2014．青藏高原东南缘地壳结构及云南鲁甸、景谷地震深部孕震环境．地震地质，36（4）：1204－1210．

李昱，姚华建，刘启元等．2010．川西地区台阵环境噪声瑞利波相速度层析成像．地球物理学报，53（4）：842－852．

林中洋，胡鸿祥，张文彬等．1993．滇西地区地壳上地幔速度结构特征的研究．地震学报，15（4）：427－440．

刘福田，曲克信，吴华等.1986.华北地区的地震层析成像.地球物理学报，29 (5)：442-448.

刘建华，刘福田，吴华等.1989.中国南北带地壳和上地幔的三维速度成像.地球物理学报，32 (2)：143-151.

刘启元，陈九辉，李顺成等.2008.汶川 M_S8.0 地震：川西流动地震台阵观测数据的初步分析.地震地质，30 (3)：584-596.

刘启元，李昱，陈九辉等.2009.汶川 8.0 地震：地壳上地幔 S 波速度结构的初步研究.地球物理学报，52 (2)：309-319.

刘瑞丰，陈培善，李强.1993.云南及其邻近地区三维速度图像.地震学报，15 (1)：61-67.

刘树文，张进江，舒桂明等.2005.藏南定结铁镁质麻粒岩矿物化学、PTt 轨迹和折返过程.中国科学 D 辑：地球科学，35 (9)：810-820.

刘希强，周蕙兰，李红等.2001.中国大陆及邻区上地幔各向异性研究.地震学报，23 (4)：337-348.

楼海，王椿镛，皇甫岗等.2002.云南腾冲火山区上部地壳三维地震速度层析成像.地震学报，24 (3)：243-251.

楼海，王椿镛，吕智勇等.2008.2008 年汶川 M 8.0 级地震的深部构造环境——远震 P 波接收函数和布格重力异常的联合解释.中国科学（D 辑）：地球科学，38 (10)：1207-1220.

吕江宁，沈正康，王敏.2003.青藏高原东南缘现代地壳运动速度场和活动块体模型研究.地震地质，04：543-554.

齐诚，赵大鹏，陈棋福等.2006.首都圈地区地壳 P 波和 S 波三维速度结构及其与大地震的关系.地球物理学报，49 (3)：805-815.

钱洪，罗灼礼，闻学泽.1990.鲜水河断裂带上特征地震的初探.地震学报，12 (1)：22-29.

秦嘉政，皇甫岗，李强等.2000.腾冲火山及邻区速度结构的三维层析成像.地震研究，23 (2)：157-163.

阮爱国，王椿镛.2002.云南地区上地幔各向异性研究.地震学报，24 (3)：260-267.

冉勇康，陈立春，程建武，宫会玲.2008.安宁河断裂冕宁以北晚第四纪地表变形与强震破裂行为.中国科学：D 辑，38 (5)：543-554.

石油部四川勘探局地质调查处.1985.四川盆地区域构造单元划分简图及四川盆地结晶岩面深部简图（内部资料）.

宋鸿彪，刘树根.1991.龙门山中北段重磁场特征与深部构造的关系.成都地质学院学报，18 (1)：74-82.

苏有锦，秦嘉政.2001.青藏高原东南缘强地震活动与区域新构造运动的关系.中国地震，27 (3)：24-34.

孙洁，晋光文，白登海等.2003.青藏高原东南缘地壳、上地幔电性结构探测及其大地构造意义.中国科学（D），33（增刊）：173-181.

孙若昧，刘福田.刘建华等.1991.四川地区的地震层析成像.地球物理学报，34 (6)：708-716.

孙圣思，贾东，胡潜伟等.2007.新生代贡嘎山花岗岩中的流体包裹体面测试及其应力场分析.高校地质学报，13 (2)：344-352.

藤吉文.1987.攀枝花—西昌古裂谷与"活化"的地球物理特征.地球物理学报，30 (6)：581-593.

滕吉文，白登海，杨辉等.2008.2008 汶川 M8.0 地震发生的深层过程和动力学响应.地球物理学报，51 (5)：1385-1402.

唐汉军，史兰斌，脊怀济等.1995.鲜水河断裂带东南段一次强烈古地震的发现.地震研究，18 (1)：86-89.

陶晓风.1995.龙门山双石推覆构造的形成机制探讨.成都理工学院学报，22 (2)：27-30.

万永革，沈正康，盛书中等.2009.2008 年汶川大地震对周围断层的影响.地震学报，31 (2)：128-139.

万战生，赵国泽，汤吉等.2010.青藏高原东边缘冕宁—宜宾剖面电性结构及其构造意义.地球物理学报，53 (3)：585-594.

王椿镛，吴建平，楼海.1999.关于青藏高原东南缘深部结构与强震活动关系的研究.地震地磁观测与研究，20（5）：80-87.

王椿镛，Mooney W D，王溪莉等．2002．青藏高原东南缘地壳上地幔三维速度结构研究．地震学报，24
　　（1）：1-16.

王椿镛，韩渭宾，吴建平等．2003．松潘—甘孜造山带地壳速度结构．地震学报，25（3）：229-241.

王椿镛，楼海，吕智勇等．2008．青藏高原东部地壳上地幔 S 波速度结构：下地壳流的深部环境．中国科学
　　D 辑：地球科学，38（1）：22-32.

王椿镛，王溪莉．1994．昆明地震台网下方的三维速度结构．地震学报，16（2）：167-175.

王椿镛，吴建平，楼海等．2003．川西—藏东地区的地壳 P 波速度结构．中国科学 D 辑：地球科学，33（增
　　刊）：181-189.

王椿镛，吴建平，楼海等．2006．青藏高原东部壳幔速度结构和地幔变形场的研究．地学前缘，13（5）：
　　349-359.

吴根耀．1985．攀西古裂谷与山西地堑系的比较研究．科学通报，30（21）：1647.

吴根耀．1997．攀枝花-西昌古裂谷晚古生代的演化．成都理工大学学报（自然科学版），02：48-53.

王夫运，段永红，杨卓欣等．2008．川西盐源—马边地震带地壳速度结构和活动断裂研究——高分辨率地震
　　折射实验结果．中国科学 D 辑：地球科学，38（5）：611-621.

王绪本，朱迎堂，赵锡奎等．2009．青藏高原东南缘龙门山逆冲构造深部电性结构特征．地球物理学报，52
　　（2）：564-571.

王宗秀，许志琴，杨天南等．1996．川西鲜水河断裂带变形机制研究——一个浅层次的高温韧性平移剪切
　　带．中国区域地质，（3）：245-251.

韦伟，孙若昧，石耀霖．2010．青藏高原东南缘地震层析成像及汶川地震成因探讨．中国科学（D 辑），40
　　（7）：831-839.

文百红，程方道．1990．用于划分磁异常的新方法——插值切割法．中南矿冶学院学报，21（3）：229-235.

闻学泽，C. R. Allen，罗灼礼等．1989．鲜水河全新世断裂带的分段性、几何特征及其地震构造意义．地震
　　学报，11（4）：362-372.

闻学泽，杜方，易桂喜等．2013．川滇交界东段昭通-莲峰断裂带的地震危险背景．地球物理学报，56
　　（10）：3361-3372.

闻学泽，张培震，杜方等．2009．2008 年汶川 8.0 级地震发生的历史与现今地震活动背景．地球物理学报，
　　52（2）：444-454.

闻学泽．2000．四川西部鲜水河—安宁河—则木河断裂带的地震破裂分段特征．地震地质，22（3）：
　　239-249.

吴建平，明跃红，王椿镛．2006．青藏高原东南缘速度结构的区域地震波形反演研究．地球物理学报，49
　　（5）：1369-1376.

吴建平，杨婷，王未来等．2013．小江断裂带周边地区三维 P 波速度结构及其构造意义．地球物理学报，56
　　（7）：2257-2267.

吴萍萍，李振，李大虎等．2014．基于 ANSYS 接触单元模型的鲜水河断裂带库仑应力演化数值模拟．地球
　　物理学进展，29（5）：2084-2091.

喜马拉雅地震科学台阵．2011．中国地震科学探测台阵波形数据——喜马拉雅计划．中国地震局地球物理研
　　究所，doi：10.12001/ChinArray. Data. Himalaya.

熊绍柏，滕吉文，尹周勋等．1986．攀西构造带南部地壳与上地幔结构的爆炸地震研究．地球物理学报，29
　　（3）：233-244.

熊绍柏，郑晔，尹周勋等．1993．丽江—攀枝花—者海地带二维地壳结构及其构造意义．地球物理学报，36
　　（4）：434-443.

徐果明，姚华建，朱良保等．2007．中国西部及其邻域地壳上地幔横波速度结构．地球物理学报，50（1）：

193－208.

徐鸣洁，王良书，刘建华等．2005．利用接收函数研究哀牢山—红河断裂带地壳上地幔特征．中国科学（D），35（8）：729－737．

徐强，赵俊猛，崔仲雄等．2009．利用接收函数研究青藏高原东南缘的地壳上地幔结构．地球物理学报，52（12）：3001－3008．

徐世浙，王华军，余海龙等．2009．普光气田重力异常的视密度反演．地球物理学报，52（9）：2357－2363．

徐世浙，曹洛华，姚敬金．2007．重力异常三维反演——视密度成像方法技术的应用．物探与化探，31（1）：25－28．

徐世浙，余海龙，李海侠等．2009，基于位场分离与延拓的视密度反演．地球物理学报，52（6）：1592－1598．

徐世浙，余海龙，姚敬金等．2007．新疆色尔特能地区视密度和视磁性反演．物探化探计算技术，29（增刊）：12－16．

徐世浙，余海龙．2007．位场曲化平的插值——迭代法．地球物理学报，50（6）：1811－1815．

徐世浙，张研，文百红等．2006．切割法在陆东地区磁异常解释中的应用．石油物探，45（3）：316－318．

徐世浙．2007．迭代法与FFT法位场向下延拓效果的比较．地球物理学报，50（1）：285－289．

徐世浙．2006．位场延拓的积分——迭代法．地球物理学报，49（4）：1176－1182．

徐锡伟，江国焰，于贵华等．2014．鲁甸6.5级地震发震断层判定及其构造属性讨论．地球物理学报，57（9）：3060－3068．

许志琴．1986．东秦岭复合山链的形成．北京：中国环境科学出版社．

许志琴，侯立玮，王宗秀等．1992．中国松潘—甘孜造山带的造山过程．北京：地质出版社，1－188．

徐涛，张忠杰，刘宝峰，陈赟，张明辉，田小波，徐义刚，滕吉文．2015．峨眉山大火成岩省地壳速度结构与古地幔柱活动遗迹：来自丽江—清镇宽角地震资料的约束．中国科学，45（5）：561－576．

袁学诚．1989．论康滇地轴的深部构造．地质学报，（1）：1－13．

杨金玉，徐世浙，余海龙等．2008．视密度反演在东海及邻区重力异常解释中的应用．地球物理学报，51（6）：1909－1916．

易桂喜，范军，闻学泽．2005．由现今地震活动分析鲜水河断裂带中-南段活动习性与强震危险地段．地震，25（1）：58－66．

易桂喜，龙锋，闻学泽等．2015.2014年11月22日康定M6.3级地震序列发震构造分析．地球物理学报，58（4）：1205－1219．

易桂喜，闻学泽，辛华等．2011.2008年汶川M_S8.0地震前龙门山-岷山构造带的地震活动性参数与地震视应力分布．地球物理学报，54（6）：1490－1500．

易桂喜，闻学泽，辛华等．2013．龙门山断裂带南段应力状态与强震危险性研究．地球物理学报，56（4）：1112－1120．

尹周勋，熊绍柏．1992．西昌—渡口—牟定地带二维地壳结构的爆炸地震研究．地球物理学报，35（4）：421－458．

尹周勋，滕吉文，熊绍柏．1987．渡口及其邻近地区地壳浅层结构的研究．地球物理学报．30，22－30．

詹艳，赵国泽，Unsworth M等．2013．龙门山断裂带西南段"4·20"芦出7.0级地震区的深部结构和孕震环境．科学通报，58：1917－1924．

张文佑，吴根耀．1982．裂谷构造与成矿作用．大自然探索，（2）（2）：13－33．

张云湘．1982．试论关于"攀枝花—西昌"裂谷带．四川地质学报，（2）：49－50．

张云湘．1985．中国攀西裂谷文集．地质出版社．

张云湘，刘秉光．1987．中国攀西裂谷文集（2）．北京：地质出版社．

张云湘，骆耀南，杨崇喜等．1988．攀西裂谷．北京：地质出版社．

张风雪，吴庆举，李永华等．2013．基于图形界面的波形相关法拾取远震相对走时残差．地震地磁观测与研究，34：58－64.

张洪荣.1990. 川西北龙门山—邛崃山地壳-上地幔的结构构造特征. 四川地质学报，10（2）：73－84.

张洪双，田小波，滕吉文.2009. 接收函数方法估计 Moho 倾斜地区的地壳速度比. 地球物理学报，52：1243－1252.

张季生，高锐，曾令森等.2009. 龙门山及邻区重、磁异常特征及与地震关系的研究. 地球物理学报，52（2）：572－578.

张培震，邓起东，张国民等.2003，中国大陆的强震活动与活动地块. 中国科学：D 辑，33（增刊）：12－19.

张培震，沈正康，王敏等.2004. 青藏高原及周边现今构造变形的运动学. 地震地质，26（3）：367－377.

张培震，徐锡伟，闻学泽等.2008.2008 年汶川 8.0 级地震发震断裂的滑动速率、复发周期和构造成因. 地球物理学报，51（4）：1066－1073.

张培震.2008. 青藏高原东南缘川西地区的现今构造变形、应变分配与深部动力过程. 中国科学：D 辑（地球科学），38（9）：1041－1056.

张先，陈秀娥，赵丽等.1998. 四川盆地及其西部边缘震区基底磁性界面与地震的研究. 中国地震，12（4）：421－427.

张勇，许力生，陈运泰.2013. 芦山"4·20"地震破裂过程及其致灾特征初步分析. 地球物理学报，56（4）：1408－1411.

张岳桥，陈文，杨农.2004. 川西鲜水河断裂带新生代剪切变形 40Ar/39Ar 测年及其构造意义. 中国科学 D 辑：地球科学，34（7）：613－621.

张中杰，白志明，王椿镛等.2005. 冈瓦纳型和扬子型地块地壳结构：以滇西孟连—马龙宽角反射剖面为例. 中国科学 D 辑：地球科学，35（5）：387－392.

赵翠萍，周连庆，陈章立.2013.2013 年四川芦山 $M_S7.0$ 级地震震源破裂过程及其构造意义. 科学通报，58：1－7.

赵国泽，陈小斌，王立凤等.2008. 青藏高原东边缘地壳"管流"层的电磁探测证据. 科学通报，53（3）：345－350.

赵永贵，刘建华.1992. 地震层析地质解释原理及其在滇西深部构造研究中的应用. 地质科学，（2）：105－113.

郑斯华，高原.1994. 中国大陆岩石层的方位各向异性. 地震学报，16（2）：131－140.

周玖，黄修武.1980. 在重力作用下的我国西南地区地壳物质流. 地震地质，2（4）：1－10.

朱露培，曾融生，刘福田.1990. 京津唐张地区地壳上地幔三维 P 波速度结构. 地球物理学报，33（3）：267－277.

曾宜君，杨学俊，李云泉.2001. 丹巴地区岩石地层层序——兼论造山带地层学研究的有关问题. 四川地质学报，21（1）：6－11.

Abdelwahed，M. F.，Zhao，D. 2007. Deep structure of the Japan subduction zone. Phys. Earth Planet. Inter.，162：32－52.

Aki K.，Christoffersson A.，Huseby E. S. 1977. Determination of the three-dimensional seismic structure of the lithosphere. J. Geophys. Res.，82（2）：277－296.

Aki K.，Lee W. H. K. 1976. Determination of three-dimensional velocity anomalies under a seismic array using first P arrival times from local earthquakes 1. A homogeneous initial model. J. Geophys. Res. 81（23）：4381－4399.

An M，Shi Y. 2006. Lithospheric thickness of the Chinese continent. Phys Earth Planet Inter，159：257－266.

Anderson，D. L.，Dziewonski，A. M. 1984. Seismic tomography，Scientiffic American，251（4）：60－68.

Barrows L，Langer C J.1981. Gravitational potential as a source of earthquake energy. Tectonophysics，76：

237 - 253.

Bai Denghai, Unsworth M J, Meju M A, Ma Xiaobing, Teng Jiwen, Kong Xiangru, Sun Yi, Sun Jie, Wang Lifeng, Jiang Chaosong, Zhao Ciping, Xiao Pengfei, Liu Mei. 2010. Crustal deformation of the eastern Tibetan plateau revealed by magnetotellurie imaging. Nature Geoscience, 3 (5): 358 - 362.

Bhaskar A, Savage B and Silver P. 2005. Crustal structure beneath the southeastern Tibetan Plateau and Yunnan province using teleseismic data. American Geophysical Union, Fall Meeting, Abstract T41A - 1282.

Bird P. 1991. Lateral extrusion of lower crust from under high topography in the isostatic limit. Journal of Geophysical Research, 96 (B6): 10275 - 10286.

Boschetti, F., Hornby, P. and Horowitz, F., 2001, Wavelet based inversion of gravity data: Exploration Geophysics, 32, 48 - 55.

Clark M K and Royden L H. 2000. Topographic ooze: Building the eastern margin of Tibet by lower crustal flow. Geology, 28 (8): 703 - 706.

Clark M K, Bush J, Royden L H. 2005. Dynamic topography produced by lower crustal flow against rheological strength heterogeneities bordering the Tibetan plateau. Geophys. J. Int, 162 (2): 575 - 590.

Clark M K, Royden L H, Whipple K X, Burchfiel B C, Zhang X and Tang W. 2006. Use of a regional, relict landscape to measure vertical deformation of the eastern Tibetan Plateau. Journal of Geophysical Research, 111: F03002, doi: 10. 1029/2005JF000294.

Cook K and Royden L H. 2008. The role of crustal strength variations in shaping orogenic plateaus, with application to Tibet. Journal of Geophysical Research, 113: B08407, doi: 10. 1029/2007JB005457.

Cooper G. 2004. The stable downward continuation of potential field data. Exploration Geophysics, 35: 260 -265.

Chen Y, Zhang Z J, Sun C Q, et al. 2013. Crustal anisotropy from Moho converted Ps wave splitting analysis and geodynamic implications beneath the eastern margin of Tibet and surrounding regions. Gondwana Research, 24 (3 - 4): 946 - 957.

Dziewonski A., Hager B., O'Ceonnell R. 1977. Large-scale heterogeneities in the lowermantle. Journal of Geophysicel Research, 82: 239 - 255.

Dziewonski, A. M., Anderson, D. L. 1984. Seismic tomography of the Earth's interior. Scientiffic American, 72: 483 - 494.

England P C and Houseman G A. 1986. Finite strain calculations of continental deformation: 2. Comparison with the India-Asia collision zone. Journal of Geophysical Research, 91 (B3): 3664 - 3676.

England P C and Houseman G A. 1989. Extension during continental convergence, with application to the Tibetan Plateau. Journal of Geophysical Research, 94 (B12): 17561 - 17579.

Fedi M, Florio G. 2002. A stable downward continuation by using the ISVD method. Geophys. J. Int. (151): 146 - 156.

Fielding E J, Isaeks B, Barazangi M and Duncan C. 1994. How flat is Tibet? Geology, 22 (2): 163 - 167.

Flesch L M, Holt W E, Silver P G, et al. 2005. Constraining the extent of crust-mantle coupling in central Asia using GPS, geologic, and shear wave splitting data. Earth Planet Sci Lett, 238: 248 - 268.

Galve A, Him A, Jiang M, et al. 2003. Made of raising northeastern Tibet probed by explosion seismology. Earth Planet. Sci. Lett, 25 (1): 52 - 60.

Goodacre A K, Haegawa, H S. 1980. Gravitationany induced stresses at structural boundaries. Can. J. Earth Sci., 17: 1286 - 1291.

Grand, S. P., Van Der Hilst, R. D., Widiyantoro, S. 1997. Global seismic tomography: a snapshot of convection in the Earth. GSA today, 7: 1 - 7.

Horiuchi, S., Ishii, H., Takagi, A. 1982a. Two-dimensional depth structure of the crust beneath the Tohoku district, the northeastern Japan arc, Part I, Method and Conrad discontinuity. J. Phys. Earth, 30: 47 - 69.

Horiuchi, S., Yamamoto, A., Ueki, A., et al. 1982b. Two-dimensional depth structure of the crust beneath the Tohoku district, the northeastern Japan arc, Part II, Moho discontinuity and p wave velocity. J. Phys. Earth, 30: 71 - 86.

Hu J F, Su Y J, Zhu X G, et al. 2003. S-wave velocity and Poisson s ratio structure of crust in Yunnan and its implication. Science in China (Series D-Earth Sciences) (in Chinese), 33 (8): 714 - 722.

Huang J, Zhao D, Zheng S. 2002. Lithospheric structure and its relationship to seismic and volcanic activity in southwest China. J. Geophys. Res, 107 (B10).

Huang Z, Su W, Peng Y, et al. 2003. Rayleigh wave tomography of China and adjacent regions. J. Geophys. Res, 108 (B2): 2073, doi: 10. 1029/2001JB001696.

Humphreys, E., Clayton, R. 1988. Adaptation of back projection tomography to seismic travel time problems. J. Geophys. Res, 93: 1073 - 1085.

Jiménez. Munt I and Platt J P. 2006. Influence of mantle dynamics on the topographic evolution of the Tibetan Plateau: Results from numerical modeling. Tectonics, 25: TC6002. doi: 10. 1029/2006TC001963.

Kan R J, Hu H X, Zeng R S, et al. 1986. Crustal structure of Yunnan Province, People's Republic of China, from Seismic Refraction Profiles. Science, 234: 433 - 437.

Kennett B. L. N., Engdahl E. R. 1991. Traveltimes for global earthquakes location and phase identification. Geophys J Int, 105: 420 - 465.

Kennett B. L. N., Engdahl E. R., Buland R. 1995. Constraints on seismic velocities in the earth from travel-times. Geophys J Int, 122: 108 - 124.

Liu Q Y, Hilst R D, Li Y, Yao H J, Chen J H, Guo B, Qi S H, Wang J, Huang H, Li S C. 2014. Eastward expansion of the Tibetan Plateau by crustal flow and strain partitioning across faults. Nature Geosicience, 30 (3): 1 - 5.

Lei J, Zhao D, Su Y. 2009. Insight into the origin of the Tengchong intraplate volcano and seismotectonics in southwest China from local and teleseismic data. J Geophys Res, 114, B05302, doi: 10. 1029/2008JB005881.

Lei J, Zhao D. 2005. P wave tomography and origin of the Changbai intraplate volcano in Northeast Asia. Tectonophysics, 397: 281 - 295.

Lev E, Long M D and Van Der Hilst R D. 2006. Seismic anisotropy in Eastern Tibet from shear wave splitting reveals changes in lithospheric deformation. Earth and Planetary Science Letters, 251 (3 - 4): 293 - 304.

Mads J M, Henrik O, Carsten P, et al. 2007, Gravity field separation and mapping of buried quaternary valleys in Lolland Denmark using old geophysical data. Journal of Geodynamics, 43: 330 - 337.

Paige, C., Saunders, M. 1982. LSQR: Sparse linear equations and least squares problems, AMC Transactions. Math, 8: 195 - 209.

Pawlowski R S. 1995. Preferential continuation for potential-field anomaly enhancement. Geophysics, (60): 390 - 398.

Rawlinson N, Kennett B L N. 2004. Rapid estimation of relative and absolute delay times across a network by adaptive stacking. Geophys. J. Int, 157: 332 - 340.

Rosenberg C, Handy M R. 2005. Experimental deformation of partially melted granite revisited: implications for the continental crust. J. Metamorph. Geol, 23: 19 -28.

Royden L H, Burchfiel B C, King R W et al. 1997. Surface deformation and lower crustal flow in eastern

Tibet. Science，276（5313）：788－790.

Royden L H，Clark B，King R W，et al. 1997. Surface deformation and lower crustal flow in eastern Tibet. Science，276（5313）：788－790.

Sandvol E，Ni J，Kind R，el al. 1997. Seismic anisotropy beneath the southern Himalayas-Tibet collision zone. J Geophys Res，102（B8）：17813－17823.

Sato，T.，Kosuga，M.，Tanaka，K. 1996. Tomographic inversion for P wave structure beneath the northeastern Japan are using local and teleseismie data. Journal of Geophysical Researeh，101，17597－17615.

Shen F，Royden L H and Burchfiel B C. 2001. Large-scale crustal deformation of the Tibetan Plateau. Journal of Geophysical Research，106（3－4）：6793－6816.

Sol S，Meltzer A，B0rgmann R，Van Der Hilst R D，King R，Chen Z，Koons P O，Lev E，Liu Y P，Zeitler P K Zhang X，Zhang J and Zurek B. 2007. Geodynamics of the southeastern Tibetan Plateau from seismic anisotropy and geodesy. Geology，35（6）：563－566.

Tapponnier P G，Peltzer A Y，Dain I E，et al. 1982. Propagating extrusion tectonics in Asia：new insight from simple experiments with plastieine. Geology，10：611－616.

Thurber C. 1983. Earthquake locations and threedimensional crustal structure in the Coyote Lake area，central California. J. Geophys. Res，88：8226－8236.

Um，J，Thurber C. 1987. A fast algorithm for two－point seismic ray tracing. Bull. Seismol. Soc. Am，77（3）：972－986.

Vergne J，Wittlinger G，Hui Q，et al. 2002. Seismic evidence for stepwise thickening of the crust across the NE Tibetan plateau. Earth Planet. Sci. Lett，203：25－33.

Wang C Y，Lou H，Silver P G，et al. 2010. Crustal structure variation along 30°N in the eastern Tibetan Plateau and its tectonic implications. Earth Planet. Sci. Lett，289（3－4）：367－376.

Wang C Y，Lou H，Lu Z，et al. 2008. S wave crustal and upper mantle s velocity structure in the eastern Tibetan Plateau-Deep environment of lower crustal flow. Science in China（Series D-Earth Sciences），51（2）：263－274.

Wang C Y，Han W B，Wu J P，et al. 2007. Crustal structure beneath the eastern margin of the Tibetan Plateau and its tectonic implications. J. Geophys. Res，112（B07307），doi：10. 1029/2005JB003873.

Woodhouse J H，Dziewonski A M. 1984. Mapping the upper mantle：three-dimensional modeling of earth structure by inversion of seismic waveforms. J Geophys. Res，89：5953－5986.

Xu L，Rondenay S，van der Hilst R D. 2007. Structure of the crust beneath the southeastern Tibetan Plateau from teleseismic receiver functions. Phys. Earth Planet. Int，165：176－193.

Yan Q Z. Zhang G Q，Hu H X，et al. 1985 Crustal structure along Simao-Malong profile inYunnan Province. Seismological Research，8：249－280.

Yao H，Van Der Hilst R D，De Hoop M V. 2006. Surface-wave array tomography in SE Tibet from am bient seismic noise and two station analysis：I Phase velocity maps. Geophys. J. Int，166：732－744.

Yao H，Beghein C and Van Der Hilst R D. 2008. Surface wave array tomography in SE Tibet from ambient seismic noise and two station analysis-Ⅱ Crustal and upper-mantle structure. Geophysical Journal International，173（1）：205－219.

Zhao G，Unsworth M J，Zhan Y，et al. 2012. Crustal structure and rheology of the Longmenshan and Wenchuan Mw7. 9 earthquake epicentral area from magnetotelluric data. Geology，40（12）：1139－1142.

Zhao D，Hanamori H，Negishi H. 1996. Tomography of the source area of the 1995 Kobe earthquake：evidence for fluids at the hypocenter？ Science，274：1891－1894.

Zhao D，Hasegawa A，Horiuchi S. 1992. Tomographic imaging of P and S wave velocity structure beneath northeastern Japan. J. Geophys. Res，97：19909 – 19928.

Zhao D，Hasegawa A，Kanamori H. 1994. Deep structure of Japan subduction zone as derived from local，regional，and teleseismic events. J. Geophys. Res，99：22313 – 22329.

Zhao D，Christensen，Pulpan H. 1995. Tomography imaging of the Alaska subduction zone. J Geophys Res，100 (B4)：6487 – 6504.

Zhao D. 2001. Seismic structure and origin of hotspots and mantle plumes. Earth Planet Sci Lett，192 (3)：251 – 265.

Zhao D，Mishra O and Sanda R. 2002. Influence of fluids and magma on earthquakes：seismological evidence. Phys. Earth Planet. Inter.，132：249 – 267.

Zhao D，Tani H and Mishra O P. 2004. Crustal heterogeneity in the 2000 western Tottori earthquake region：effect of fluids from slab dehydration，Phys. Earth Planet. Inter，145：161 – 170.

Zurek B D，Meltzer A，Sol S，et al. 2005. Measurements of crustal thickness and Poisson s ratio in southeastern Tibet from receiver functions. Eos Tran AGU，86 (52)：T41A – 128.